知物 TO KNOW

万物初始

探索世界背后的科学原点

始まりの科学

宇宙、銀河、太陽系、時間、生命、種、人類、その始まりにズバリ迫る！

日本矢泽科学办公室 编

顾欣荣 译

机械工业出版社
CHINA MACHINE PRESS

生命从哪里来？人类从哪里来？宇宙从哪里来？星系从哪里来？时间从哪里来？一定有很多人有过这样的思考吧？其实对于这种终极知识的探索也是科学家研究的重要课题。这个世界上的一切事物都应该是从某个时候某个地方开始的，那么究竟是从何时开始的呢？我们又为什么在这里？本书从作者所研究的关于万物起源的科学论题中选取了最具根源性的 7 个主题，追溯科学家对各个主题的思考、观测、试验及解答，探索世界背后的科学原点，挖掘万物进化的秘密。

图书在版编目（CIP）数据

万物初始：探索世界背后的科学原点 / 日本矢泽科学办公室编；顾欣荣译. — 北京：机械工业出版社，2023.8
ISBN 978-7-111-73484-0

Ⅰ. ①万…　Ⅱ. ①日…　②顾…　Ⅲ. ①生命起源—青少年读物　Ⅳ. ①Q10-49

中国国家版本馆CIP数据核字（2023）第125900号

机械工业出版社（北京市百万庄大街22号　邮政编码100037）
策划编辑：黄丽梅　　　　责任编辑：黄丽梅　蔡　浩
责任校对：郑　婕　李　婷　　责任印制：张　博
北京利丰雅高长城印刷有限公司印刷
2023年10月第1版第1次印刷
148mm × 210mm · 7 印张 · 155 千字
标准书号：ISBN 978-7-111-73484-0
定价：59.00元

电话服务
客服电话：010-88361066
　　　　　010-88379833
　　　　　010-68326294

网络服务
机　工　官　网：www. cmpbook. com
机　工　官　博：weibo. com/cmp1952
金　　书　　网：www. golden-book. com
机工教育服务网：www. cmpedu. com

前 言

人类从古希腊时代开始就在不断思索，身边所有的这些事物是什么时候诞生并经过了多长的岁月进化成现在这个样子的呢？我们人类是什么时候出现在地球上的呢？我们所处的太阳系，还有夜空中的无数颗星星，以及我们所处的银河系又是怎么形成的？所有这些问题最终必定都会指向宇宙本身的诞生之谜。

为什么人类会提出这样的终极问题呢？也许这就是智慧生物与其他生物的不同之处吧。我们似乎天生就有这样的欲望，想知道此时此刻身处此地的、我们称作“自己”的存在，到底是从哪里来的。

尤其是西方文明，他们不满足于提到起源就只是去探究自己祖先的血统来源，而是从公元前开始就一直探讨关于这世界本身以及所有的一切是如何诞生并存在着的问题，生命的起源、人类的起源、宇宙的起源、时间的起源，答案，究竟在哪里？

刚开始，他们只是用抽象思维来思考这些问题，但后来逐渐开始通过观察、试验等实证研究方法来揭示万事万物的起源以及它们的结构组成。这也是现代科学方法的开端。

到了近代，对这种终极知识的探索已成为全世界最有智慧的人们感到有责任要去参与研究的重要课题。于是科学家前赴后继地投入到这一课题中来，终其一生探索万物的起源。伊曼努尔·康德、查尔斯·达尔文、阿弗雷德·罗素·华莱士、亚历山大·伊万诺维奇·奥巴林、J.B.S. 霍尔丹、阿尔伯特·爱因斯坦、乔治·伽莫夫等重要人物，都以其前无古人后无来者的功绩在近代科学史上名垂千古。

本书从他们所研究的关于万物初始的科学论题中选取了最具根源性的 7 个主题，来追溯科学家们对各个主题是如何进行思考、观测、试验并从中提出自己的假说及理论框架的。无论哪个主题都涉及根源和本质的问题，所以到现在也不能说这些问题已全部都找到了终极答案，毕竟大自然面对我们人类的探索，也不会轻易就俯首称臣。

不过我们可以在科学家们探索这些疑问和论题的过程中了解到那个终极答案大致处于哪个方位。可以说本书中所叙述的“初始”是指目前为止人类的智慧与科学所能够了解到的初始。

顺便说一下，书中会出现一些日本科学家的名字。

比如在“宇宙之始”一章中出现的佐藤胜彦（东京大学研究生院教授，膨胀宇宙模型的倡导者），“物种之始”一章中出现的进化生物学家木村资生（已故，分子进化中性学说的创始人）。这些日本科学家所做的贡献不仅在日本国内，在世界科学史上也将被人们永久铭记。

本书由5位作者执笔共同完成。其中长野敬教授是进化论的历史与概论方面的权威研究员和讲解员，其余4位也都是经常能总览众多科学领域的科学记者及科学讲解员。他们为了能向广大读者简明易懂地介绍这些复杂难懂的论题，花费了很多精力。

最后，向Softbank Creative Science i出版社的主编益田贤治先生表示由衷的感谢，益田先生对本书的出版给予了极大的帮助。如果本书能够激发起读者对科学知识的兴趣，对读者了解科学历史能有些帮助的话，我作为作者之一将感到不胜荣幸。

矢泽洁

目 录

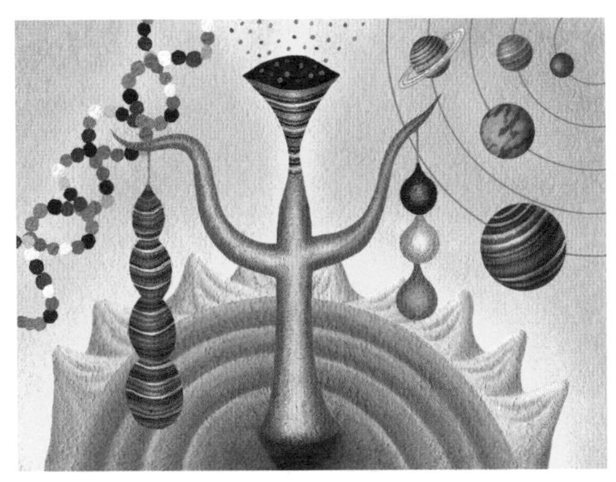

第一部分

天文宇宙篇

世间所有事物真正的起源，也就是“最初的最初”，自然就是宇宙之始了。随着宇宙诞生，形成无数星系才得以有太阳系，由此再出现地球生命，最终拉开了人类诞生的序幕。

那么宇宙究竟是什么时候，怎样开始的呢？还有星系，包括我们所处的太阳系都是什么时候，怎么来的呢？这是人类能考虑到的最根本且最宏大的关于“初始”的科学问题。

Part 1

宇宙之始

根据最新的宇宙理论，现在的宇宙是由距今约 138 亿年前的大爆炸产生的。但到底是怎样的一个过程让它从“无”的状态变成如今这样浩瀚无边的样子呢？

Part 1　宇宙之始

矢泽洁

大爆炸宇宙论

在距今约4000年前，古巴比伦人曾认为宇宙就像一个巨盆（图1）。地表是浮在广阔水面上的山，上方的天空像盖子一样覆盖着整个大地。而在这盖子上方也充满了水，有时那里的水会洒落下来就变成了雨。太阳、月亮和星星都从东边升起，经过头顶上的天空，最后沉没到西边。

无论是古人还是我们现代人，都曾仰望着夜空中成千上万颗星星，遐想宇宙是如何诞生的。对于生活在古文明时代的人们来说，宇宙的初始就是一片混沌，在这片混沌中，代表着宇宙之力的众神创造出了各种形态的物质并让它们保持一定秩序，各司其职。

收录着日本民间传说和神话故事的《古事记》中也记载着，父神伊邪那岐和母神伊邪那美合体后，原本混沌一片的大地上长出了许许多多的岛屿。不管是哪种说法，似乎古代的人们都认为我们这个世界是在没有形态的“混沌”中诞生的。

不过，关于宇宙诞生的现代理论（宇宙论）也在某种意义上和古代的创世神话非常相似。现代的宇宙论是说在距今约138亿年前，有一个极高温、极高密度的“火球”在瞬间爆炸并膨胀才形成了宇

图 1 古巴比伦人所认为的宇宙结构

这是个结构相当复杂的宇宙。上面的两层是星星的世界，在它下面是辽阔的天空。人类生存的大地在天空下，在大地的下面又有一个地下世界，地下世界的下方还存在着死者的世界。古巴比伦人凭借着他们当时的科技水平进行观测和记录后，想象出了这样一个宇宙。

宙，随着这个宇宙不断膨胀，产生了无数的恒星和星系。只是在现代宇宙论里，仍存在着各种各样有待解决的问题，所以，现代理论是基于观测事实和理论构建两方面得出的说法，从这一点来说同古代神话是不一样的。

宇宙是由火球爆炸并膨胀才形成的，这一理论称为“大爆炸宇宙论”（The Big Bang Theory）。英语 Big Bang 的 Bang 是表示大爆炸时的拟声词，也就是从“嘣！”这个声音来的。

第一个像开玩笑一样随口说出这个名称的人，是英国的天文学家弗雷德·霍伊尔（照片 1）。1950 年，他在参加一档 BBC 广播的科学节目时，嘲笑当时刚被提出的这个理论，说“那就是 Big

照片 1　弗雷德·霍伊尔

被授予爵士头衔的英国天文学家、天体物理学家。1940 年发表了关于宇宙元素合成的先导性的理论研究相关论文。凭借在多个科学领域做出贡献以及提出宇宙稳恒态理论、新宇宙生命说等独创性理论而广为人知。

照片来源：美国物理联合会（AIP）

Bang（大爆炸）理论”。结果他那时随口一说的词，之后就成了这个理论的正式名称。

曾经有位日本某杂志的编辑把大爆炸宇宙论翻译成“‘轰’假说”，按照名称本意的话，似乎这才是最合适的译名。

因爱因斯坦而诞生的新宇宙论

大爆炸宇宙论的起源能追溯到爱因斯坦（照片 2）和美国著名天文学家爱德文·哈勃这里。前者虽然没有直接奠定该理论的基础，但创造了一个契机，而后者则是通过观测证实了宇宙确实在不断膨胀。

1917 年，阿尔伯特·爱因斯坦时任德国物理学会会长，他凭着在两年前以一己之力创立的广义相对论，提出了历史上首个关于宇宙结构的科学模型（假说，理论）。

广义相对论完善了牛顿在 17 世纪创立的万有引力定律（牛顿力学），它主张引力是因“时空弯曲”产生的（图 2）。这个惊人的理论预言了宇宙中有恒星、星系等大质量天体存在，大质量天体周围的时空，也就是三维空间加一维的时间会被弯曲，从而导致经过那个天体附近的光线会弯曲。

爱因斯坦认为在大的空间尺度上，宇宙的结构和状态是由引力决定的。果真如此的话，那么只要解开广义相对论的引力场方程，从中就一定会浮现出一个宇宙的样貌。

于是他假设在宇宙中，无论哪个方位或在哪里，星系或恒星

照片 2　爱因斯坦

爱因斯坦的广义相对论为大爆炸宇宙论的诞生和发展创造了契机。他的理论以全新的观点解释了引力的性质，由此使得科学家们对宇宙的看法发生了很大改变。

图 2　时空弯曲

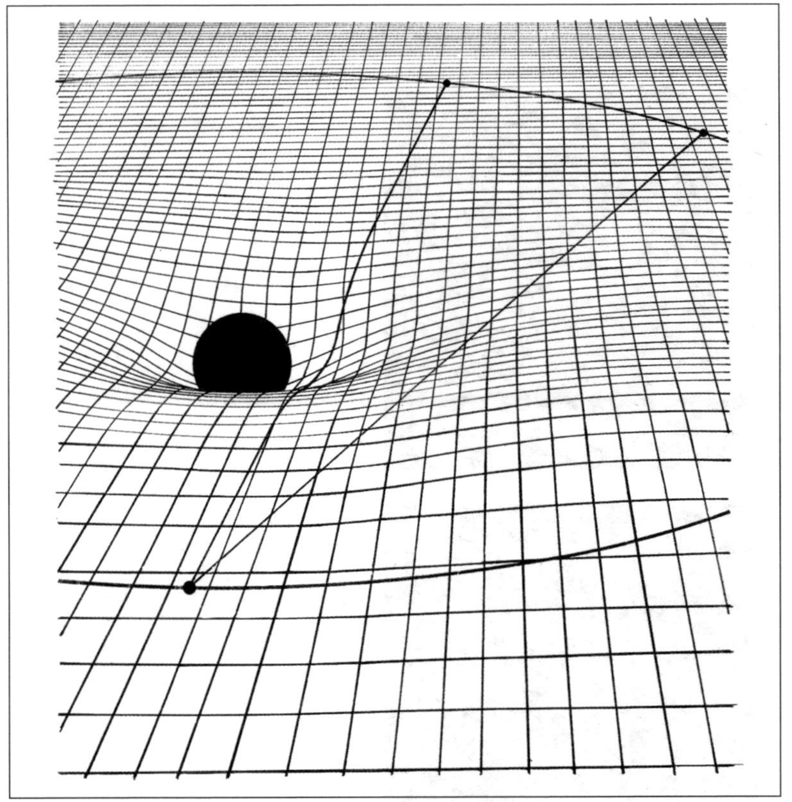

拥有质量的物体会像下落到橡胶布上的重物一样，使其周围的空间（四维空间）发生弯曲。

都是以同样密度分布的，即“宇宙中的物质密度是各向同性的（图 3）”，并以此假设为前提尝试解开这个方程。结果爱因斯坦从中推导出新宇宙的样貌是个“闭合式四维空间”的球体，虽然这个宇宙本身在形态上是有限的，但它所产生的意义却非常深远。

因为这种“闭合时空”的观念非常不符合人们的常识。恐怕在

图 3　各向异性宇宙和各向同性宇宙的差别

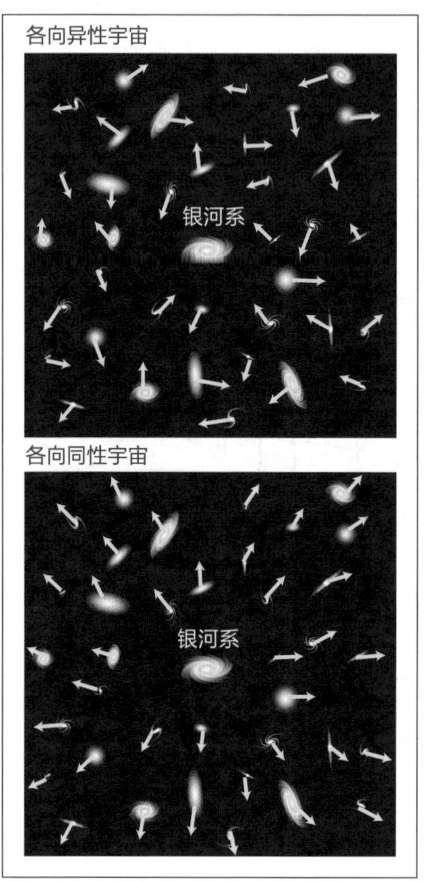

这幅图根据宇宙论中的“宇宙各向同性（在大的空间尺度上观察，宇宙无论在哪个方向上都是一样的）”理论来说明星系的运动。在上方图中，处于某个方位的星系正在远离我们（观察者），同时，处于其他方位的星系正在不断接近我们。在这样的“各向异性宇宙（物质分布随所处方位不同而不同的宇宙）”里，哈勃定律是无效的。而在下方的图中，所有的星系都以与我们之间的距离成比例的速度不停后退，这种情况下哈勃定律就适用了。像这样的宇宙，因为在不断膨胀，无论从哪个方向看都是一样的，因而叫作“各向同性宇宙”。当今主流的科学家们普遍认为下方图中的宇宙是宇宙的实际状态。

资料来源：M.Zeilik,《天文学》（*Astronomy*）

爱因斯坦之前，没有任何科学家能在脑海中描绘出这样的宇宙形态。从德国的约翰尼斯・开普勒（1572—1630）到后来的近代天文学家或是近代科学的领军人物，都一直认为宇宙是无限扩张、永无止境的。

但在这个模型中，爱因斯坦自己马上注意到了一个问题，即一个物质呈均质分布状态的宇宙无法保持静止状态，因为引力会把各个天体相互拉到一起，导致整个宇宙不断坍缩，最终被毁坏并彻底消亡。

"宇宙不可能在膨胀"

能回避这个问题的手段之一是把宇宙看成是"不断膨胀"的。但是爱因斯坦却想避开这个观点，因为如果宇宙是在不断膨胀的话，就意味着宇宙以前的规模比现在要小。如此一来，若沿着时间线不停向着过去回溯，整个宇宙曾经就只是一个点，时间、空间乃至所有的物质都被压缩进这个比针尖还小的"奇点"里。换言之，我们所生存的这个宇宙就是从这个奇点里诞生的。

在这个奇点的世界里，我们学过的所有物理学定律全部失效，当然化学等学科的定律就更不用提了。在那里只存在超乎想象的超高密度和超高温的能量，连思考这个奇点是从哪里来的都不可能。因此爱因斯坦觉得当下的宇宙正在膨胀这种观点非常荒唐。

深陷苦恼的爱因斯坦最终想到了一个苦肉计，他在自创的引力场方程中加入了一个宇宙常数（图 4）。所谓宇宙常数，是指和引

图 4　爱因斯坦的引力场方程

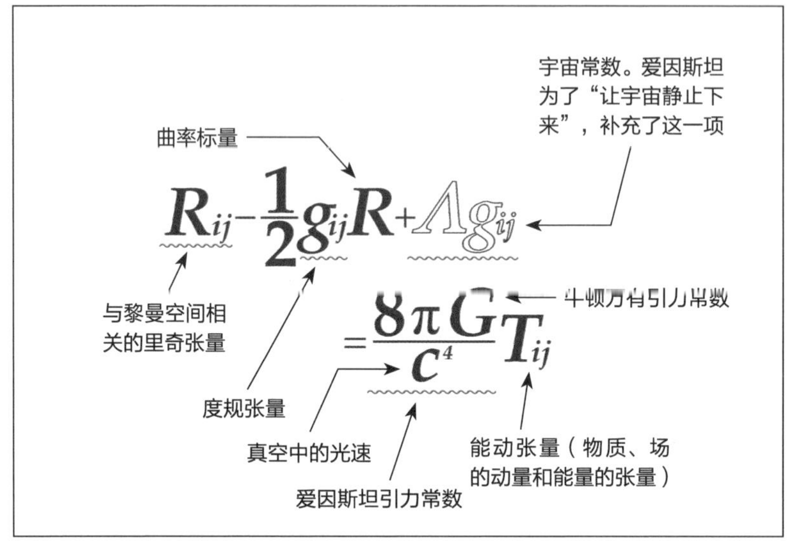

爱因斯坦在自己提出的引力场方程（也叫作爱因斯坦方程）中加入了宇宙常数 Λ（希腊字母），不过他事后对自己这个举动十分后悔。

力完全相反的力，即所有事物间互相排斥的力，称为“万有斥力”。它就如同离心力，对两个距离越远的物体影响越大。当这种斥力和引力相互间达到完美的平衡，静态宇宙就既不会坍缩也不会膨胀，就能保持稳定状态了。

在这样的宇宙中，无数的星星和星系会一直“安居”在各处，只会因时间流逝而发生变化。这么一来既不用再追究宇宙在刚开始的时候发生了些什么，也不会出现像“奇点”等难以解释的问题。据说爱因斯坦当时确信这正是宇宙的真实样貌。

但是，有不少科学家不受先入为主观念的影响，一直在客观地思考爱因斯坦的这个方程式。其中有一位科学家注意到，如果用爱因斯坦的方程式来推导一个完全没有任何物质存在、同时也没有万有斥力存在的宇宙，其状态一定是在膨胀的。

1922 年，苏联的亚历山大 · 弗里德曼（照片 3）发现即使不考虑宇宙常数等项，只要是一个有物质存在的宇宙在永不停歇地膨胀，它就能像我们现在所看见的宇宙这样保持稳定。

比利时的宇宙学家乔治 · 勒梅特（照片 4）也得出了和弗里德曼相同的结论。并且，他提出“宇宙是从一颗唯一存在的‘原始原子’中诞生的，并从那时起就一直在不断膨胀”。这一消息出来后，美

照片 3　亚历山大 · 弗里德曼

苏联的数学家和宇宙学家。1922 年，他把爱因斯坦引力场方程的宇宙常数设为 0，再推导该方程式的解，根据最后的结果，他用数学方式提出了宇宙模型。

照片来源：Soviet Physics Uspekhi（俄罗斯的物理学期刊）

照片 4　乔治 · 勒梅特

比利时宇宙学家，大爆炸宇宙论的原型“宇宙膨胀说”的提出者之一。

照片来源：美国物理联合会（AIP）

国的代表性报纸《纽约时报》大幅报道了关于“勒梅特主张宇宙起源于一个唯一存在的、包含了当今宇宙间所有能量的伟大‘原子’”的消息。

不过，不管是爱因斯坦的宇宙模型也好，还是弗里德曼、勒梅特推导出的宇宙模型也好，都只是这些优秀的科学家用纸和笔对花费了大量精力提出的广义相对论进行的数学方式的解答而已。当时天文学方面的知识极其有限，通过天文望远镜只能捕捉到太阳系里的行星和太阳系附近的其他恒星，以及遥远的、闪着微弱光芒的星云。只凭这样的程度，无法确认理论和实际观测到的宇宙是否一致。

而恰巧就在这时，宇宙论迎来了一次决定性的转机。这就是美国的天文学家维斯托·斯里弗和爱德温·哈勃（照片 5）通过天体观测得到能证明这个理论的证据。

照片 5　爱德温·哈勃

被后人认为是“20 世纪最杰出的天文学家”之一的哈勃在 1923 年测算了从银河系到仙女星云（星系）的距离，这是人类首次确认河外星系的存在。1990 年美国国家航空航天局（NASA）发射的空间望远镜就是以他的名字命名的。

照片来源：美国物理联合会（AIP）

年轻的天文学家斯里弗曾于20世纪10年代的时候，在美国亚利桑那州的洛厄尔天文台（照片6）观测星云。这个天文台因观测“火星上存在的运河”，并保存了详细的草图，而且创建者是著名天文学家帕西瓦尔·洛厄尔而闻名于世。洛厄尔不但对太阳系抱有兴趣，而且对宇宙深处的星云也充满好奇。所以他让斯里弗去查证在星云的光芒中是否有光谱线㊀能证明行星的存在。

开始观测仙女星云（星系）光谱的三年后，斯里弗有了一项重

照片6　洛厄尔天文台

从19世纪末开始到20世纪初，帕西瓦尔·洛厄尔花费了十几年的时间自行制造了这台望远镜，并通过它观测了火星。

摄影：矢泽洁

㊀ **光谱线**

我们把可见光等电磁波按波长或频率的顺序排列成图表称为电磁波谱。光通过三棱镜时会出现各种颜色的排列，这叫作光谱。构成行星的物质从高能量状态转变成低能量状态时发出的光形成的光谱叫作明线光谱，反之被吸收的光形成的光谱叫作暗线光谱。这些光谱取离散值时就称为光谱线。

大发现。在分析仙女星云（星系）的光谱线时，他注意到这个天体看起来似乎正朝着我们移动。

斯里弗在随后的20年里又观测了超过40个星云，发现其中的大多数星云都和仙女星云（星系）相反，正高速远离我们的银河系。斯里弗把该项发现提交给美国天文学会后，出席会议的天文学家们非但没有全体起立鼓掌迎接他，反而没有一个人能理解他这项发现的意义所在。

不过有一个人对斯里弗的观测结果表现出了浓厚的兴趣。他就是曾做过律师，也曾是位重量级拳击手的天文学家爱德温·哈勃。每天晚上哈勃都会通过位于加利福尼亚州的威尔逊山天文台的、当时世界上最大的望远镜来拍摄星云的照片。不过其中很多重要的照片其实都出自他的助手米尔顿·赫马森之手，赫马森曾是位牵着骡子往返于威尔逊山山顶和山脚间的装卸工人。

哈勃在了解了上文提到的斯里弗的发现后，研究了自己所观测到的星云光谱。通过这些数据，他计算出了我们银河系与那些星云之间的距离以及它们离我们远去的速度（退行速度）。接着他还发现，距离我们越远的星云，远离我们的速度也越快。

这时，天文学家们都注意到，几乎所有的一直以来被叫作星云的天体，它们的实际距离都比原先以为的要远得多。这些星云都位于距离我们银河系极其遥远的地方，而且和银河系大小相当。因为在这个宇宙中，除了银河系以外还存在着无数星系，宇宙的大小也比人们一直以来所认为的要宽广得多。就这样，一直以来被称为星云的天体被改称为星系。

另一方面，哈勃的观测结果在宇宙论中也越来越显露出其更重大的意义。越远的星系远离我们的速度就越快，这意味着无数的星系并非各自朝着任意方向以任意的速度运动，而是整体就像一个正在鼓起的气球一样统一运动。至此，“宇宙正在膨胀”这一说法终于通过实际观测结果得到了证明。

宇宙并非如爱因斯坦认为的那样，是稳定的、静止的，而是动态的、不断变化的。后来爱因斯坦十分后悔，认为当初自己为了让宇宙静止下来而引入宇宙常数的这个举动是他人生的最大败笔（不过这个幽灵般的宇宙常数在最近几年里又复活了。下文会有叙述）。

不久，这个终于被科学家发现了的遥远星系的退行速度与它们和地球的距离成正比被称为“哈勃定律”，它的比例常数被称为“哈勃常数”（图表 1）。哈勃常数不仅表示了宇宙膨胀的速度，其倒

图表 1　哈勃定律

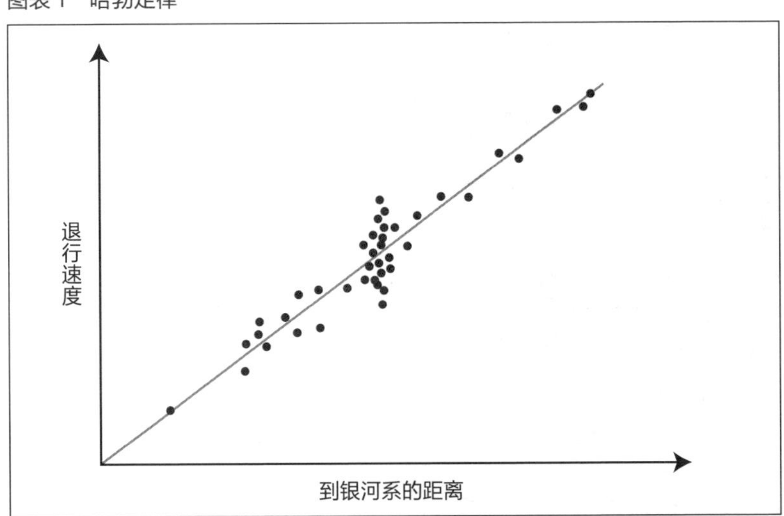

哈勃找出了 19 个星云（后来知道它们都是位于宇宙深处的星系）的退行速度同距离之间的比例关系。这在后来被称为“哈勃定律”，它使人们对宇宙的看法发生了剧变（图表中也包含了变光星）。

数还能显示宇宙的年龄。起始于数学模型的宇宙膨胀说凭借哈勃的观测结果而一跃成为有理有据的科学理论。后人也正因哈勃的这个伟大成就而认为他是“20 世纪最杰出的天文学家”之一。

宇宙中所有的物质都诞生在最初的 20 分钟之内

不久之后，很快出现了一位把这幅宇宙画像和物理学方面的先进“剧本”结合起来的科学家。他是出生在俄罗斯的美籍物理学家乔治·伽莫夫（照片 7）。

照片 7　乔治 · 伽莫夫

出生于俄罗斯的美籍物理学家。起初研究原子核衰变理论，后来因从恒星演化及元素合成的研究中提出了“大爆炸宇宙论”而享有盛名。

照片来源：美国物理联合会（AIP）

1948 年，伽莫夫联合拉尔夫・阿尔菲以及汉斯・贝特共同署名发表了有关“α β γ 理论”的论文。虽然后来因恒星核聚变主循环的理论而成名的贝特当时并未实际参加这项研究工作，但伽莫夫凭着他一贯的幽默感，硬是把贝特的名字加了进来。

在论文中，伽莫夫主张宇宙是从“伊伦（ylem，希腊语中代表最初的物质）”中诞生的。伊伦是种由中子构成的超高温气体，其中的中子衰变成质子、电子和中微子。最终宇宙会被质子和中微子“煮”成沸腾的海洋。并且这些元素在这惊人的高温中又重新融合，一个接一个地形成重元素。

在如此的伊伦爆炸（后被称为大爆炸）后仅仅 20 分钟的时间内，基本上所有的元素都已经出现在宇宙中了。从那之后，宇宙在不断膨胀的同时也在逐渐冷却下来。但是温度不会降低到绝对零度，伽莫夫认为伊伦大爆炸后的余温大概在绝对温度 5K（零下 268℃）左右，而且它应该是以微弱的辐射形式充满了整个宇宙。这个从爱因斯坦开始建立起来的宇宙模型架构，通过伽莫夫对它的补充，终于成了完备的现代科学理论。

20 世纪 60 年代，贝尔实验室的阿诺・彭齐亚斯和罗伯特・威尔逊（照片 8）在进行电磁波实验的时候，发现从宇宙中的各个方向都辐射来同样波长的电磁波（微波）。这一观测结果引起了宇宙论研究者们的强烈关注。因为研究者们认为这绝对温度为 3K（约零下 270℃）的微波应该正是大爆炸余温的辐射，即“宇宙背景辐射”。

照片8　阿诺·彭齐亚斯和罗伯特·威尔逊

彭齐亚斯（图右）和威尔逊（图左）发现了膨胀宇宙的第二个证据——“宇宙背景辐射”。背景中的装置是他们使用的喇叭天线。

大爆炸宇宙论的三大难题

那么大爆炸宇宙论是否就能因这一发现成为能解释宇宙诞生和进化的确凿理论呢?

并非如此。直到今天，该理论仍面对着数个待解难题。尽管有不少研究者都觉得这些困难是小事，早晚都会解决的，因而支持该理论，但其中也有一些天体物理学家和宇宙论学者指出，那些尚未解决的问题可能会动摇整个大爆炸宇宙论的根基。

这个理论从一开始就存在的三大难题分别是“平坦性问题”“奇点问题”以及“一致性问题”（表1）。

表 1　大爆炸宇宙论的三大难题

难题 1 平坦性问题 宇宙会永远膨胀下去（开放的宇宙）还是会在什么时候转为坍缩直至毁灭（闭合的宇宙），这取决于宇宙中物质的密度。尽管实际的宇宙看起来似乎是处于这两者之间的状态（平坦的宇宙），但这种宇宙在创生时的初始值必须和“临界密度”以惊人的精度保持一致。可一旦考虑进宇宙初期时量子论方面的波动，那就变得完全不可能了（如果是暴胀宇宙模型的话就能克服这个问题）。
难题 2　奇点问题 根据大爆炸宇宙模型，宇宙在创生的一瞬间只是一个“点”，在这个“点”中塞满了如今宇宙中的万事万物。因此这个不存在大小概念的点就成了温度、密度无限大的“奇点”，在它里面任何物理学定律都不适用，连成为讨论对象都不可能。这个模型无法回答为什么会存在这样的事物并在某个时刻突然间形成了宇宙。
难题 3　一致性问题（视界问题） 为什么整个天空中来自各个方向的宇宙背景辐射的温度都是一样的（绝对温度约 3K）？从宇宙创生到现在，光所能到达的距离是有限度的（称为视界距离）。超过这个距离以上的两个区域之间无法存在任何因果关系上的影响，那里是“视界彼岸”的世界。我们现在能够在宇宙背景辐射放射的时候，同时观察到两个超过视界距离数十倍以上的区域，但发现它们那里的温度是完全相同的。这种现象只能解释为创生后的宇宙超越并同化了视界距离，使那里的温度也被均化，这和大爆炸宇宙论的预言是相互矛盾的（而暴胀宇宙论能从理论上克服这个问题）。

第一个平坦性问题是因实际的宇宙看起来是平坦的而产生的问题。

亚历山大·弗里德曼根据引力场方程式的解，预言了宇宙有三种可能的状态：闭合的宇宙、平坦的宇宙和开放的宇宙（图 5）。而宇宙最终到底会成为哪种形态取决于宇宙中存在的物质密度。如果宇宙的物质密度超过某种“临界密度”的话，宇宙的膨胀速度会因为引力而逐渐变缓，直到停止膨胀。随后宇宙会摇身一变开始坍缩，最后迎来和大爆炸完全相反的一瞬间（大坍缩）而毁灭。这也可以说是整个宇宙都黑洞化的一种现象。因为这种宇宙会被禁锢到一定尺寸以下的空间里，所以称为“闭合的宇宙”。

图 5　宇宙的三种可能状态

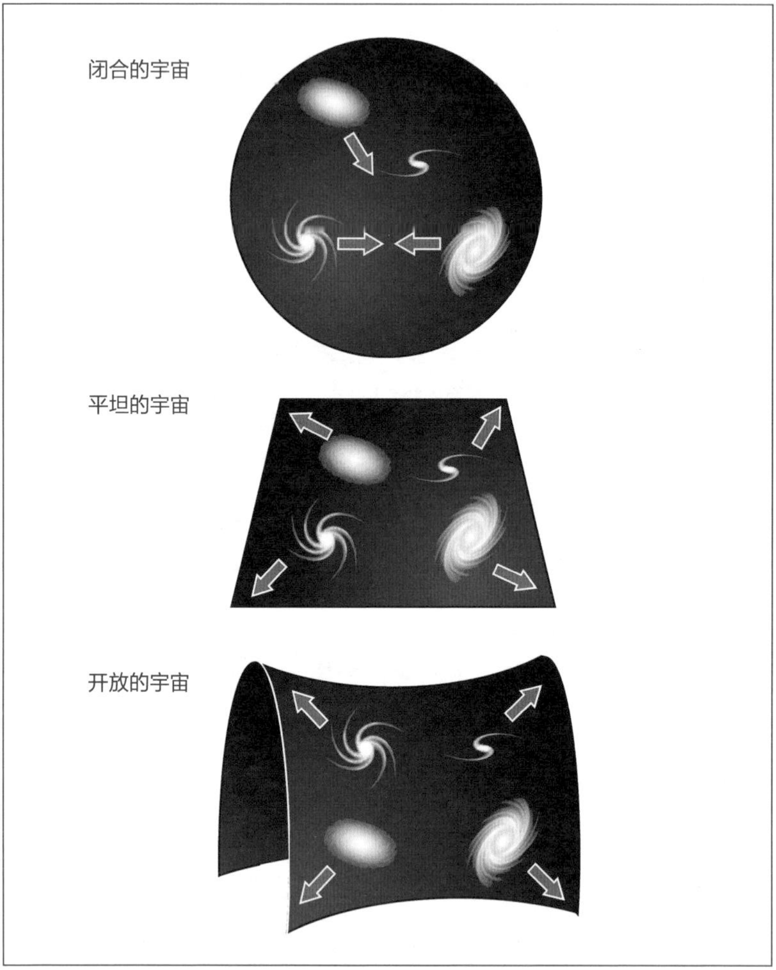

闭合的宇宙

平坦的宇宙

开放的宇宙

宇宙的状态会因其中的物质密度不同而最终变成闭合的宇宙、平坦的宇宙或开放的宇宙中的一种。物质密度一旦超过某个值（临界密度），宇宙最终就会转为坍缩（闭合的宇宙），若在临界密度以下则会永远膨胀下去（开放的宇宙）；如果和临界密度相等的话，虽然也会持续膨胀，但其速度会无止境地缓慢下去。

与此相对，宇宙中的物质密度小于临界密度的话，宇宙会向各个方向膨胀，随后物质会变得稀薄，最终变成一片无尽的黑暗。这就是“开放的宇宙”的状态。

还有就是物质密度和临界密度相等，这时的宇宙虽然会永远膨胀下去，但因为它的时空曲率为 1（= 平坦），所以被称为“平坦的宇宙”。

根据到目前为止的观测结果来看，现在的宇宙应该是平坦的。也就是说宇宙中的物质密度和临界密度是精确一致的。这意味着我们所生存的这个宇宙根本上是个在极其偶然的情况下才会出现的产物。这便是第一个理论上的难题。

第二个奇点问题是指那个让爱因斯坦都困扰的问题。在宇宙诞生瞬间存在的奇点是个密度和温度无限大，且在它内部任何物理学定律都失效的“点”。那么问题来了，究竟为什么会存在这样难以理解的奇点呢?

最后，关于一致性问题，也被称为“视界难题”。宇宙背景辐射从各个方向观察，其属性都是一致的。从物理学角度看待这一现象，这是非常不可思议的。换句话说，宇宙从诞生到现在，光能够到达的距离是有限的（视界距离）。超过这个距离以上的两个区域之间无法存在任何因果关系上的影响，那里是“视界彼岸”的世界。

虽然我们现在能够在宇宙背景辐射放射的时候，同时观察到两个超过视界距离数十倍以上的区域，但发现它们那里的温度是完全相同的。这个现象只能解释为创生后的宇宙超越并同化了视界距离，使那里的温度也被均化，这和大爆炸宇宙论的预言是相互矛盾的。

而且上述的一致性问题还牵涉到了第四个难题。在现在的宇宙里，星系或恒星等并非均质存在的，而是在有些区域（超星系团）里集结了大量的星系，而在有些区域（空洞）里却几乎没有星系存在（照片 9）。倘若如宇宙背景辐射所展示的那样，宇宙中的物质

照片 9　空洞模拟图

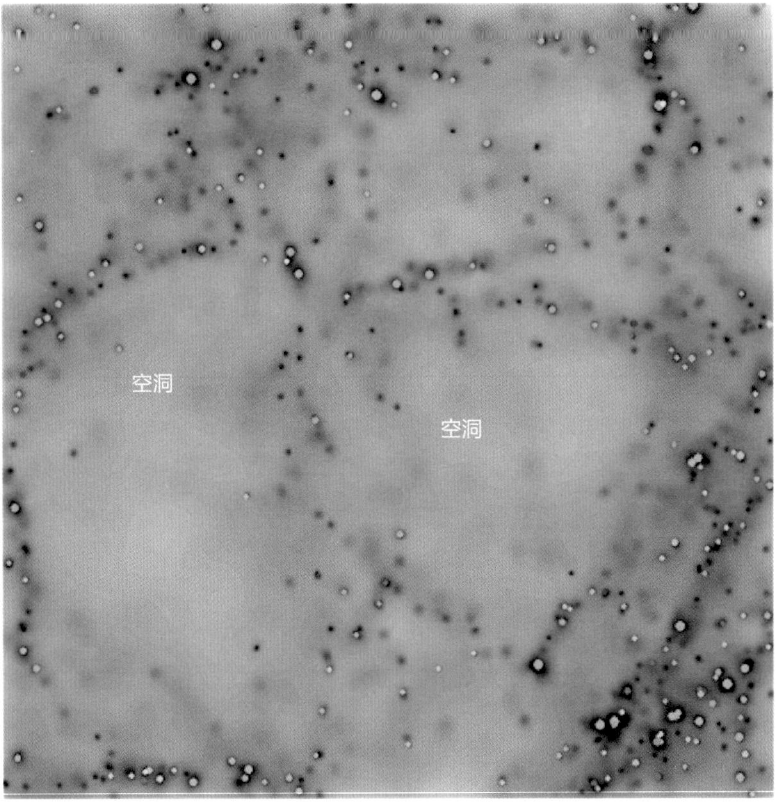

宇宙中存在着直径超过数亿光年的、几乎不存在任何星系（物质）的区域，叫作空洞。它意味着宇宙中的物质分布并不是完全均匀的。上面这张照片是星系所在区域的空洞模拟图。

照片来源：德国马克斯 · 普朗克天体物理研究所星系模拟小组（Galaxy Formation Group at MPA）

属性是一致的话，那又为什么会产生出空洞这样规模如此庞大的时空结构呢？

暴胀理论是救星吗？

事实上从一开始就存在于大爆炸宇宙论中的这些重大问题，应该说其中的一部分已经因为20世纪80年代时诞生在其他研究领域里的某个理论而不存在了，该理论是在基本粒子理论和大统一理论㊀的研究基础上提出的。它便是由美国的阿兰·固斯（照片10）、东京大学的佐藤胜彦几乎同时提出的“暴胀理论”，这个理论成了大爆炸宇宙论的救星。

根据这一理论，宇宙刚诞生后不久，因其中充满了“真空能量”导致它以惊人的速度急剧膨胀（暴胀），并且真空在那一瞬间自身性质会发生改变，这就类似于水变成冰，或者借用苏联宇宙学家安德烈·林德的话来说，“像明胶凝固的过程那样”发生了相变㊁。由此致使相变潜热从真空中被释放，让整个宇宙变成了“火球”，即大爆炸宇宙，并持续膨胀至今。

㊀ 大统一理论

自然界有四种基本力，分别是电磁力、弱相互作用力、强相互作用力和万有引力。把这四种力放在同一尺度（统一场）中进行理解的理论就是大统一理论。目前电磁力与弱相互作用力已经统一（电弱统一理论）。以把强相互作用力和以上两种力统一到一起为目标的大统一理论以及统一万有引力的终极理论的研究正在进行中。

㊁ 相变

如同在0℃的环境下水会变成冰一样，物质由一种相转变成另一种相的过程就叫作相变。在不含有任何物质的宇宙真空状态中也存在着各种相，宇宙靠着真空状态中反复发生的相变不断进化。

照片 10　阿兰·固斯

提出暴胀宇宙模型的麻省理工学院教授。起初从事基本粒子方面的研究，因受提出电弱统一理论的诺贝尔奖得主斯蒂芬·温伯格的影响转而投身研究宇宙论。

照片来源：彼得·卡特兰（Peter Catalano）/矢泽科学办公室（Yazawa Science Office）

不过最近也有学者认为在暴胀的瞬间，真空并没有发生相变。但不管是哪种说法，总之暴胀结束的那一刻就是大爆炸宇宙论的起点（图 6）。

在暴胀的初级阶段，也就是宇宙诞生后的 10^{-44} 秒，虽然此时宇宙的大小仅相当于一粒质子体积的十亿分之一，但在 10^{-30} 秒之后暴胀结束时，体积一下胀大到了原先的 10^{40} 倍，相当于一颗柚子的大小。

如果使用这个暴胀宇宙模型，就能非常轻松地解答平坦性问题。在这个模型中，当暴胀发生时，物质密度被强行不断逼近临界密度。这就像一个不断膨胀的气球，它的表面逐渐变得平坦一样，暴胀的超高速膨胀也让宇宙越来越平坦。

同样，一致性的问题也能轻松解释。因为宇宙起始于一个像果壳般大小的区域，于是就能解释为在最初的时候，宇宙中的所有部

图 6　大爆炸宇宙

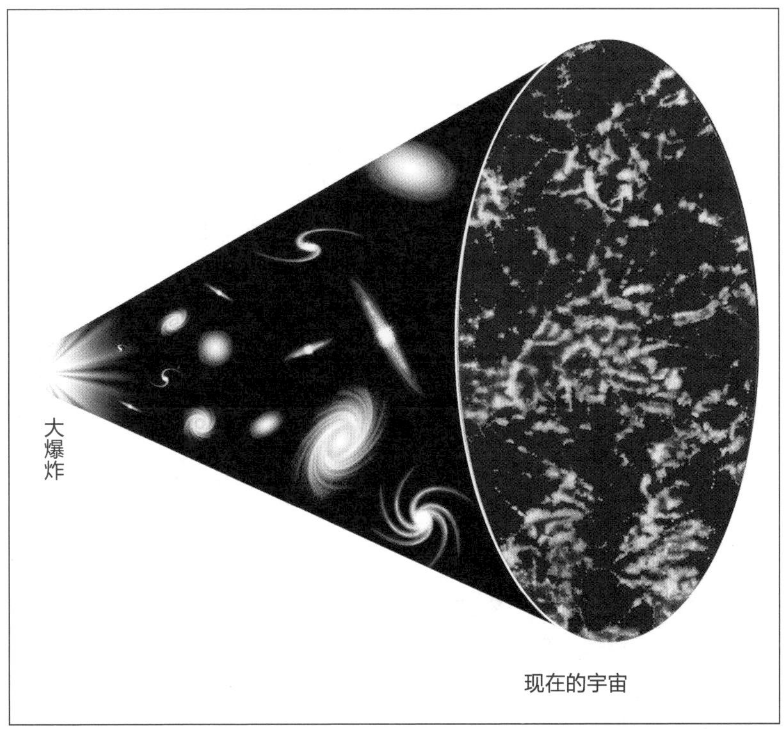

根据大爆炸宇宙模型的观点，宇宙诞生于约 138 亿年前，并且至今仍在不断膨胀、进化。但是基于膨胀速度的计算结果显示，宇宙的大规模时空结构的形成比大爆炸宇宙论所预言的宇宙年龄还要早很多。

插图来源：矢泽科学办公室（Yazawa Science Office）

分相互间很容易发生接触，即整个宇宙中的万事万物都是被混合在一起的，因此无论到哪儿都呈现出了一致性。

另外，这个理论也能回答大规模时空结构的问题。暴胀时物质或能量会发生“密度波动”，这种状态与大爆炸宇宙的膨胀共同发展，从而产生了超星系团和空洞。

一个接一个诞生的泡泡宇宙

不过，暴胀宇宙模型最能激发起人们兴趣的也许并不在于用来解释这些问题，而是它预言了无数平行宇宙的诞生。

由于引发暴胀的“真空”状态中蕴藏着极高的能量，宇宙学家们甚至经常把它叫作“假真空”状态。在假真空状态里，一部分区域刚发生暴胀，紧接着其他区域就马不停蹄地也发生暴胀，从中便会产生新的宇宙，就像不停地冒出泡泡（图 7）。

以上这样的说明，很难从直观上理解。尤其是“真空”这个词总让人感觉自相矛盾。因为可能我们一提到“真空”，总觉得就是不存在任何物质的空间，但物理学上的真空却是和我们通常观念上的真空完全不一样的概念。

根据物理学家们的解释，物理学上的真空是指存在其中的所有“场”都处于基态，即场的能量处于最小化的稳定状态。并且根据量子力学的说法，真空中的场是个其中的粒子不停地以虚粒子、虚反粒子对的形式一会儿出现一会儿消失，导致其总能量不变，极其不可捉摸的、波动着的世界。

图 7　泡泡宇宙

我们生存的宇宙是否只是像泡泡一样一个个诞生的无数宇宙中的一个呢？

插图来源：矢泽科学办公室（Yazawa Science Office）

所有类型的暴胀理论

1992 年，美国国家航空航天局（NASA）的观测卫星 COBE 发现在宇宙背景辐射中有波动存在（照片 11、12）。接着美国国家航空航天局（NASA）又发射了一颗叫作“WMAP”的观测卫星，该卫星于 2003 年拍到了比 COBE 卫星更精确细致的宇宙背景辐射的波动照片（照片 13）。根据暴胀理论的观点，可以判断这种波动是随着宇宙的演化历史一同发展起来的，并且因此产生了像星系长城那样的大规模时空结构以及广阔无垠的空洞区域。

由于这种波动完美证实了暴胀理论的预言，所以暴胀理论似乎获得了确凿的立足点。作为发现该波动的核心人物，加利福尼亚大学的乔治·斯穆特和美国国家航空航天局（NASA）的约翰·马瑟因此获得了 2006 年诺贝尔物理学奖。

因为有了观测卫星 COBE 等捕捉到的事实证据，现在很多物理学家都相信暴胀理论以及它的后续——大爆炸宇宙论大体上是没有错的。但由于理论与实际观测还存在或大或小的分歧，同时作为暴胀理论基础的大统一理论也处于原地踏步的状态，因此宇宙学家之间对暴胀理论尚持有不同观点。于是导致很多暴胀理论的改良版如雨后春笋般地涌现出来。

它们都被冠以不同的名称。诸如新暴胀理论、混沌暴胀理论、扩张暴胀理论、超扩张暴胀理论、开放式暴胀理论、软暴胀理论、超自然暴胀理论等。无论哪种暴胀理论，对于引发暴胀的场中的能量以及宇宙诞生的过程等都有不同的解释。

正如其中一位创立者所承认的，暴胀是发生在宇宙最初期的事件，无法通过试验和观测来验证。所以无论哪种理论都是配合观测结果，调整其中的理论值而提出的。换个角度来说，如果出现了新的观测结果，只要配合这结果稍微改变一下理论或者修正一下数值，任何一种理论都能在逻辑上符合新的观测结果。

照片 11　COBE 卫星

为了调查大爆炸所留下的痕迹，即扩散到整个宇宙的宇宙背景辐射的波动，美国国家航空航天局（NASA）在 1989 年发射了这颗卫星。在这之后又对左右着大爆炸宇宙论命运的宇宙背景辐射进行了更细致的调查。

照片来源：美国国家航空航天局（NASA）

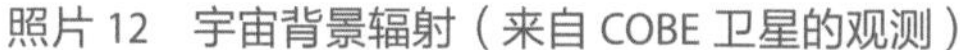

照片 12　宇宙背景辐射（来自 COBE 卫星的观测）

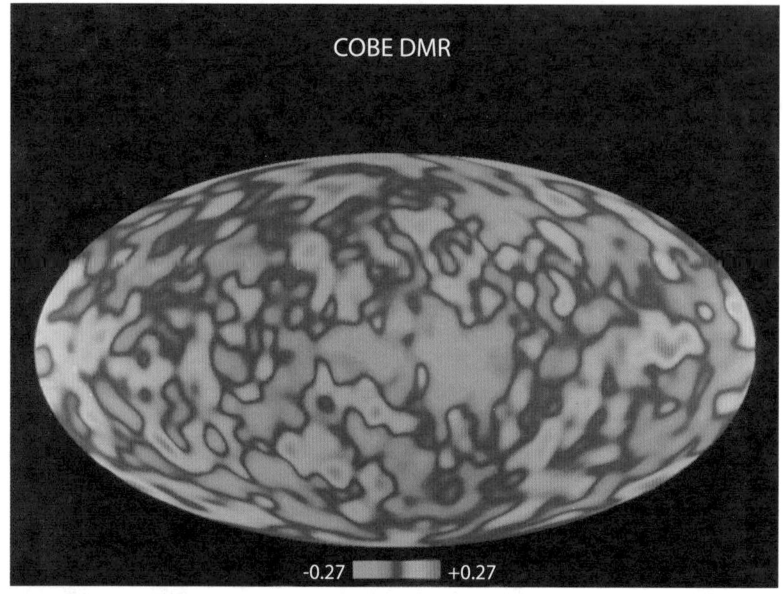

COBE 卫星在 1992 年捕捉到的宇宙背景辐射的波动。

照片来源：美国国家航空航天局（NASA）

照片 13　宇宙背景辐射（来自 WMAP 卫星的观测）

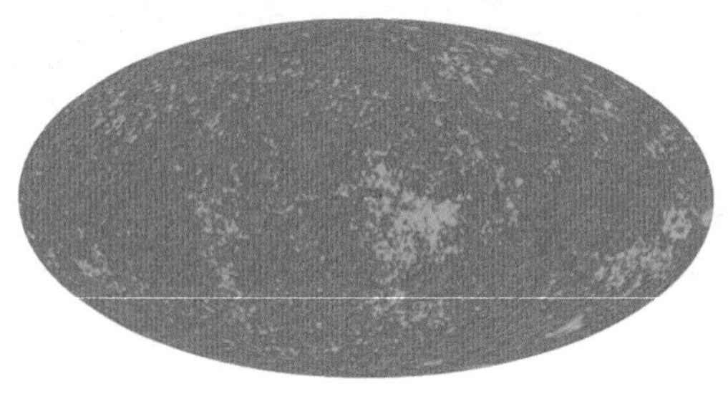

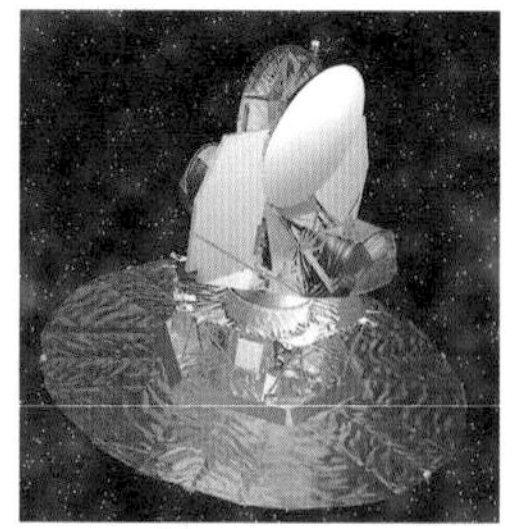

2003 年，观测卫星 WMAP（右图）捕捉到更精确细致的宇宙背景辐射的波动。

照片来源：美国国家航空航天局（NASA）

比宇宙还年长的恒星

但是即便如此，也不能彻底认为结合暴胀理论和大爆炸宇宙论就能解释清楚宇宙真正的样貌。因为其中还存在着其他更严重的问题。

比如说科学家们认为最古老的恒星年龄是 150 亿 ~160 亿年，或者起码在 140 亿年以上（照片 14）。可是这么算来恒星就比宇宙

照片 14　最古老的恒星年龄

分布状态像环抱着银河系一样的球状星团 M30，调查发现其中的恒星比宇宙更古老，这一结果和大爆炸宇宙论产生了极大的矛盾。照片中是通过 X 射线观测到的 M30。

照片来源：美国国家航空航天局（NASA）/ 钱德拉 X 射线中心（CXC）/ 用户智能网（UIn）/H.Cohn & P.Lugger 等

（约 138 亿年）更古老了。问题是恒星不可能先于宇宙诞生。

不过鉴于对恒星年龄的观测误差以及理论严谨性等问题，宇宙年龄在过去的 40 年里始终在 50 亿 ~200 亿年之间摇摆不定。究其原因，在于每次观测时决定宇宙年龄的哈勃常数都不一样。不管怎么说，得出最古老的恒星年龄大于宇宙年龄这一观测结果，不太可能是天体物理学家，或者是宇宙学家，或者两者同样有地方弄错了。

宇宙中可见物质的量不够

还有个问题就是宇宙中可见物质的量不够。

到目前为止，科学家们一直都认为宇宙是“平坦”的，即宇宙空间是欧几里得空间（二维、三维等）。但寻遍了可观测宇宙却发现，能找到的可见物质的总量只占使宇宙保持平坦状态必需总量的 4%~7%。有超过 90% 以上的物质却完全“看不见”。

我们这个宇宙中的物质平均密度为 5×10^{-30} 克，就相当于一个房间里只存在 2~3 颗氢原子的程度，极其稀薄。所以宇宙论便假设存在“暗物质”，认为宇宙中大部分的质量都是来自这些观测不到的物质。

20 世纪末，日本研究小组发现了中微子（图 8）具有质量，虽然它被作为暗物质的备选物质之一，可只靠它来解释暗物质的全部质量似乎是太轻了。即使是借助近年里得到显著提升的观测技术，所发现的物质也不足以使宇宙保持平坦状态。这么说来，难道宇宙

图 8　中微子（想象图）

即使把十几个地球排列起来也能贯穿过去的、质量极小的中微子会是暗物质的真面目吗？

插图来源：矢泽科学办公室（Yazawa Science Office）

并不是平坦的，而是具有负曲率的吗？

但是负曲率和暴胀理论完全不相容。暴胀理论本来是为了解释为什么宇宙看起来是平坦的而引入的，同时该理论也说明了宇宙的最初状态，并主张宇宙最终会变得平坦。

关于这个问题，暴胀理论的创立者之一佐藤胜彦说："如果通过观测证明了宇宙并不是平坦的，那恐怕就意味着暴胀理论的崩溃，或至少也得进行大幅度的修改了。"

宇宙中果然存在万有斥力吗?

不过在近期，宇宙论的世界里又被投入了一颗新的“炸弹”。根据观测远方的超新星所得到的数据，发现宇宙不是在以一定的速度膨胀，而是在“加速”膨胀。也就是说，远方的天体之间是一边加速一边相互远离对方——恰似天体间在互相排斥一般。

也许这种现象正意味着宇宙空间是具有负曲率的（= 开放的）。如此说来，这个发现恐怕真的会导致暴胀理论崩溃了。

但也存在别的可能，即宇宙的时空中存在万有斥力。所谓万有斥力，即“反引力”，这就如同前文中提到的，爱因斯坦起初想到，后来却又后悔并舍弃的宇宙常数。

虽然爱因斯坦想到的这个宇宙常数没有物理学上的根据，但并不意味着现在的宇宙常数是没有科学根据的主张。这里说的宇宙常数就是指宇宙的反引力，它在量子力学上来看，是由真空中的能量产生的。

真空中的能量是在宇宙诞生的瞬间发生暴胀的原动力。而且支持这个理论的宇宙学家也认为鉴于真空中的能量和宇宙临界密度相加所得值为 1，故而能证明宇宙是平坦的。

提出暴胀理论改良版的宇宙学家之一安德烈 · 林德评价暴胀理论“就像个骗人的把戏”，爱因斯坦最初提出的宇宙常数的再次登场，对于暴胀理论来说就类似于这个把戏复活的时机。

恒星寿命之谜要解决了吗?

宇宙常数还能解决实际观测结果与理论之间的矛盾。倘若宇宙有史以来始终是在这个宇宙常数存在的前提条件下不断加速膨胀的话，那么宇宙初期的膨胀速度就会比现在慢很多。如此一来，若以所观测到的星系现在的膨胀速度来推算，宇宙年龄就会更加古老。如果宇宙真实年龄超过 200 亿年的话，恒星比宇宙更古老的矛盾就消失了。

宇宙膨胀是加速进行的，这一新炸弹会把暴胀理论给炸得粉身碎骨呢？还是会彻底消除该理论与实际观测结果之间的矛盾而成为它的救世主呢？关于这一点尚且无法预知。而且暂时也还未确定宇宙是否确实在加速膨胀。

不过正如佐藤胜彦所说，“不会因实际观测结果而崩溃的理论也不会因观测结果而得到证明。”而且一部分物理学家也指出无法凭借观测或试验证实的理论不可能成为科学理论。因此要让暴胀理论和大爆炸宇宙论堂堂正正地成长为科学理论，就必须孜孜不倦地累积足够的观测事实依据。

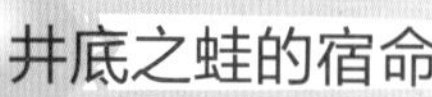

井底之蛙的宿命

我们大致了解了以上这些宇宙诞生和进化的理论，最后还剩一个问题，那就是人类通过这样的方法是否真的可以弄清宇宙的真实样貌。这是一个根本性问题。

人类自身也是宇宙的一部分，因而为宇宙所限，并且绝不可能彻底从中摆脱出来。可以说我们就好比被关在这个叫作宇宙的深井里的青蛙。我们这只青蛙能够调查并记录下深井内部的温度以及物质分布情况等信息。

但无论调查哪里，这个深井究竟是个什么，是哪个人为了什么目的而挖的等信息从深井内部都是无从得知的。深井对于青蛙而言是绝对无法从完全客观的角度去观察的，要使身为深井一部分的青蛙去认清这个包含着自身的事物的整体面目，从原理上就是不可能的。可是即便如此，青蛙也无法放弃继续思考和调查深井的内部状况。因为这就是这只拥有智慧的青蛙的宿命。

Part 2

星系之始

宇宙中存在着数以万亿计的星系，这一个个星系又由上亿颗星星构成。除此之外，还存在由无数星系如城墙般排列起来形成的星系长城和几乎没有任何星系的空洞等。如此宏大的结构究竟是怎样诞生的呢？

Part 2　星系之始

金子隆一

计算星系和恒星的数量

构成宇宙的基本单位是星系（照片 1）。无论是让人类发现宇宙正在不断膨胀的，还是向人类展示了宇宙是井然有序的，都是星系。我们生存的银河系（天河）只是无数星系中的一个（照片 2）。星系就犹如组成宇宙这一宏伟结构体的一个个细胞。

照片 1　宇宙全景图

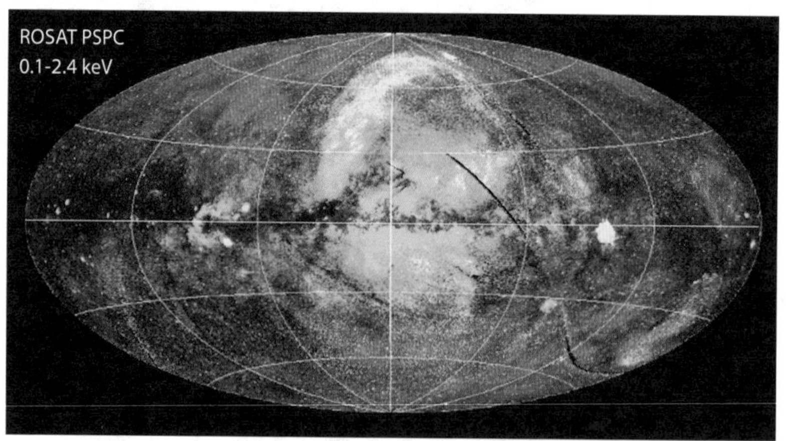

欧洲的伦琴卫星（ROSAT）通过 X 射线拍下的宇宙全景图（高能量区域）。红色部分是高能量区域中能量较低的物质，即温度约 100 万摄氏度的等离子体，黄绿色的是几百万摄氏度的气体团，蓝色部分是超新星残骸放射出超高能量的区域。照片的中心是银河系的中心。

照片来源：德国马普学院（MPE）

照片 2　银河系的中心部分

斯皮策空间望远镜通过红外线捕捉到的银河系中心部分的照片。照片中无数的小白点是星星，我们（地球）同这片区域之间因为有星际尘埃遮挡着，完全无法用光学望远镜进行观察。顺带一提，这些白点间都相隔数光年的距离。

照片来源：美国国家航空航天局（NASA）/ 喷气推进实验室（JPL）

所有的星系都是在大爆炸产生宇宙后，过了大约 3 亿年才诞生的。那么这到底是怎样的一个过程呢？

这个问题对于天文学、天体物理学乃至宇宙论的研究者们来说都是一个巨大的谜团，至今尚未完全解开。星系诞生的过程远比恒星诞生的过程更让人费解。这是因为与恒星相比，星系的规模要大很多且结构更为复杂，需要经历更漫长的时间才能诞生。

星系的规模与形状多种多样，银河系的规模被认为在整个宇宙中属于平均水平。但实际上银河系旁边（这里虽然用“旁边”，但距离我们也有 250 万光年）的仙女星系（照片 3），它的质量约是银河系质量的 1.5 倍，而另一个距离银河系较近的大麦哲伦星系（距离银河系 16 万光年，照片 4），它的质量只有银河系质量的十分之一左右。下文会介绍大麦哲伦星系是个非常小的星系，属于“矮

照片 3　仙女星系

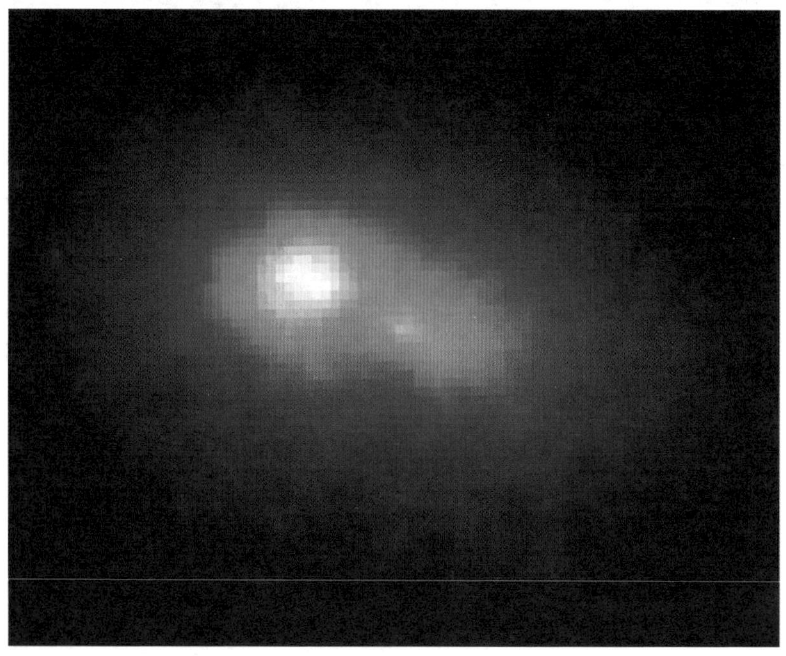

哈勃空间望远镜所捕捉到的毗邻银河系的仙女星系（M31）中心部分的影像。从照片中可以看到该星系有两个星系核。

照片来源：美国国家航空航天局（NASA）/ 空间望远镜研究所（STScI）

照片 4　大麦哲伦星系

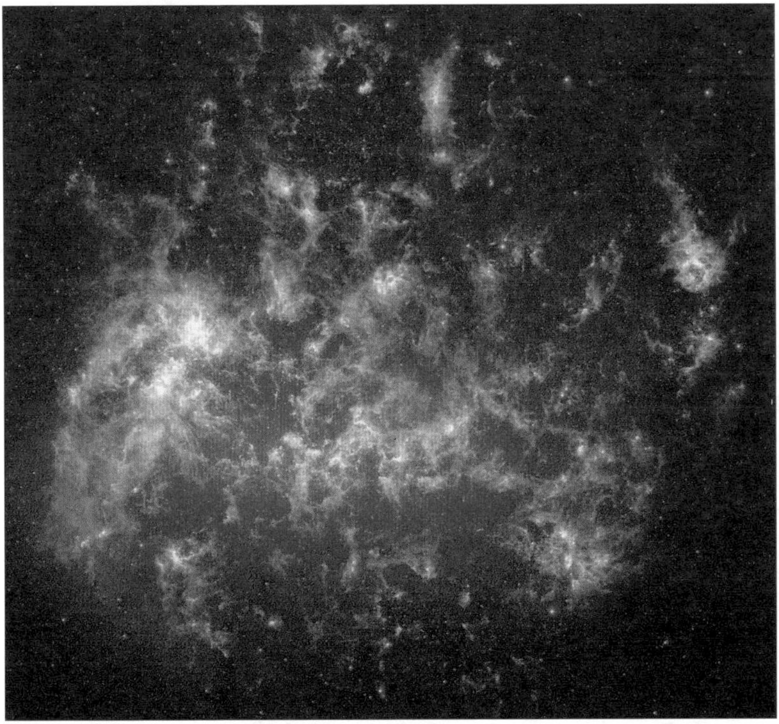

距离银河系较近的大麦哲伦星系。这张照片是斯皮策空间望远镜通过红外线拍摄的。

照片来源：美国国家航空航天局（NASA）/ 喷气推进实验室 – 加州理工学院（JPL-Caltech）/ 空间望远镜研究所（STScI）

星系”家族中的一员。而这些星系又都是星系集团——本星系群中的成员。

如上所述，星系并不是单独存在的，而是借由数个星系相互间的引力集结到一起，以群体状态存在的。星系群是十几个至几十个星系组成的星系集团，数个星系群集合起来就成了星系团，数个星系团集合起来又组成了超星系团（图 1，2）。从大尺度来看这些

图 1 星系分布图

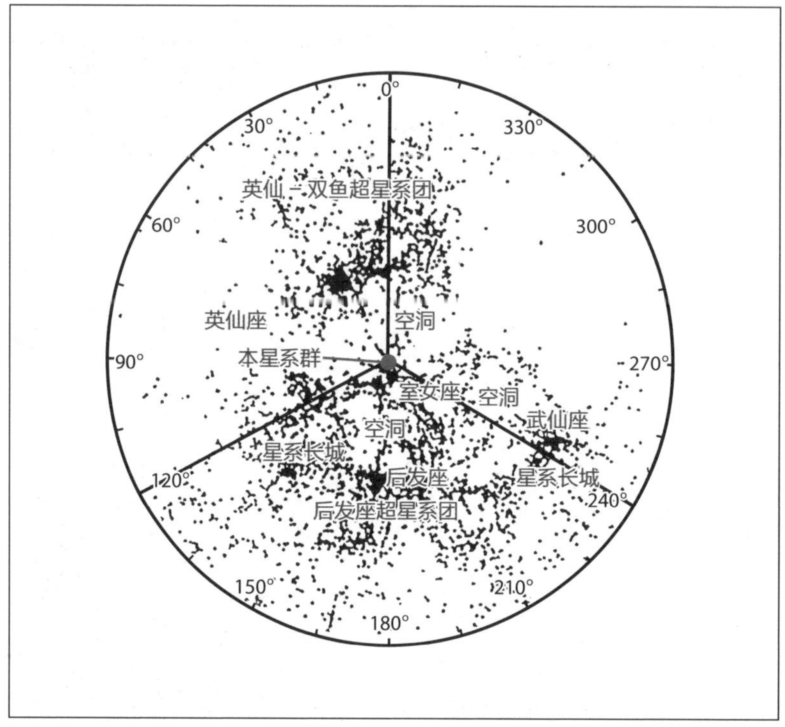

宇宙中存在着星系、星系团、超级星系团、星系长城以及空洞等各种规模的结构。当代宇宙论认为这些结构是在宇宙诞生时，因膨胀（宇宙急速膨胀）拉伸了量子宇宙的密度波动而产生的。上图是以银河系为中心、5 亿光年为半径范围内的星系分布情况。

资料来源：M.Geller & J.Huchra 等

星系群，数十万乃至数百万计的星系又排列成距离跨越数亿光年之长的“巨墙”，即星系长城（照片 5）。这种层级结构就是由星系开始的。

在我们的银河系中包含约 2000 亿颗恒星，它的直径约 10 万光年，即若要以光速从银河系一端横跨到另一端的话，据计算需要约

图 2　银河系的周围（本星系群）

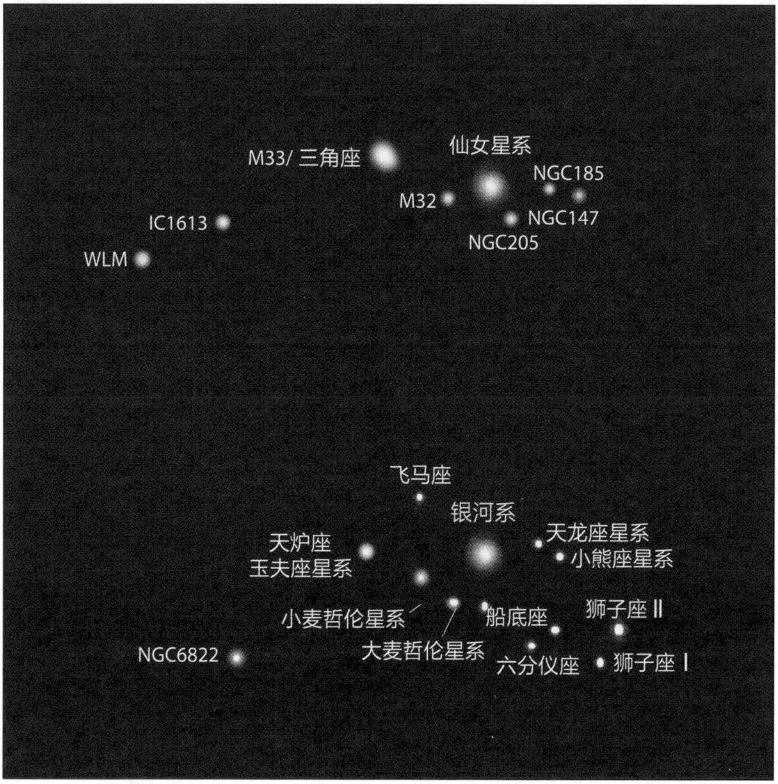

我们银河系和包括仙女星系的近 30 个左右的星系一起构成了本星系群。在本星系群中，银河系的大小仅次于仙女星系。

10 万年的时间。

在宇宙中，如此硕大无朋的星系有近几千亿之多。如果按每个星系约有 1000 亿 ~2000 亿颗恒星来推算宇宙中所有恒星的数量，就得把 1000 亿到 2000 亿这个数字再去乘数千亿，按我们人类的感觉来说这几乎就是无限多。

照片 5　星系长城

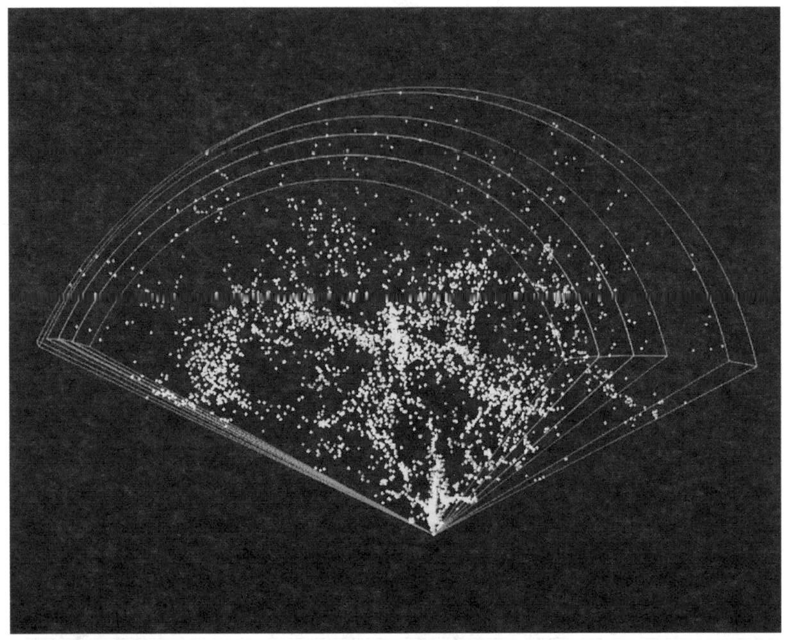

这是哈佛－史密松森天体物理中心的研究人员 M.J.Geller 和 J.P.Huchra 以天顶方向的地球为圆心，调查研究了半径达 45 亿 5 千万光年范围内的数千个星系，通过电脑合成制作出的宇宙星系地图。从图中我们可以看到星系并非均质分布，而是集中在其中一片广阔的区域里，形成星系长城，而剩下的区域却呈现空洞状态。

照片来源：M.J.Geller 和 J.P.Huchra，哈佛－史密松森天体物理中心（Harvard-Smithsonian Center for Astrophysics）

银河系是如何诞生的?

关于银河系诞生和演化的最重要的理论是早在 1962 年，由美国天文学家艾伦·桑德奇和唐纳德·林登贝尔等人提出的“气云凝聚假说”。

桑德奇是 20 世纪最伟大的天文学家爱德温·哈勃的学生。哈勃是世界上第一个通过观测发现所有的星系正在远离我们的天文学家，他为大爆炸宇宙论的发展奠定了重要的基础。美国国家航空航天局（NASA）的天文望远镜（哈勃空间望远镜 Hubble Space Telescope）就是以他的名字命名的。

根据桑德奇等人提出的气云凝聚假说，由大爆炸产生的宇宙诞生后，经过了 10 亿年，稀薄却广泛地分布在整个宇宙中的气体物质和能量的密度发生“波动”，在这种波动中，一部分气体物质因自身引力而发生坍缩并开始慢慢旋转，结果就变成了巨大的气体云。

这些气体云因自身引力而不断加快坍缩速度和旋转速度，同时整体被压成扁平状，最终形成了我们今天看到的圆盘形状的银河系。

刚开始构成银河系气体圆盘的纯粹只是由大爆炸产生的氢气和氦气，但随着坍缩致使密度变大，终于在银河系的各个角落里都演化出了巨大的恒星。这些恒星又在短时间内发生引力坍缩，相继发生超新星爆发，在这过程中所产生的各种重元素被散布到了周围的宇宙空间里。

接着含有这些重元素的气体又再次坍缩形成一颗颗恒星，而这些恒星也再次发生超新星爆发。如此周而复始不断产生第 2 代、第 3 代恒星，直到银河系变成了我们现在所看到的样子。这就是根据桑德奇等人的理论所推测的银河系诞生和演化的过程。

自上而下理论和自下而上理论

在桑德奇等人提出假说之后，关于星系形成的理论分成了两大流派："自上而下理论"和"自下而上理论"（图3）。

自上而下理论认为大爆炸发生后，以气体云状态遍布整个宇宙的物质因密度波动聚集到一起时，首先产生了后来演化成超星系团和星系长城这样的巨型宇宙结构的超巨型气体团。这些气体团再分裂成很多小型的气体云，这一个个零零散散分布着的气体云就变成了星系。

而自下而上理论是完全继承桑德奇等人的理论。它主张因气体云的波动，首先产生的是一个个星系大小的气体团，随后在这些气体团内部诞生的恒星聚集起来先后形成了巨型宇宙结构。

但目前为止尚不清楚这两种理论哪个是正确的，因为无论哪种理论都会产生时间方面的矛盾点，所以，天文学家和天体物理学家都为此头痛不已。

比如按照自上而下理论，确实能够解释星系聚集在一起的原因，就是因为星系团和超星系团原本就是同一超巨型气体团所诞生的家族成员。

但是这个理论的问题就在于最初的那个巨型气体团要分裂成一个个星系所需要的时间太长。照它的推算，即使在距离大爆炸发生已过去约138亿年的现在，我们所看到的宇宙仍应该处在新星系的诞生方兴未艾的阶段。

自下而上理论的问题则与之相反，是多数的星系因自身引力聚

图 3　两种星系形成理论

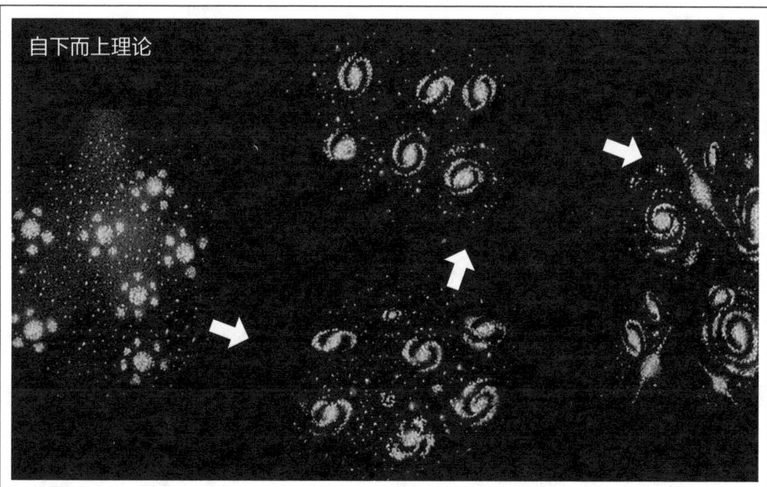

开始时形成各个独立的星系，随后它们相互靠近聚集到一起，逐步形成更大的星系团。不过按照这一说法，就会产生现存的巨型宇宙结构（如星系长城、空洞等）的形成时间会超过宇宙年龄本身的矛盾。

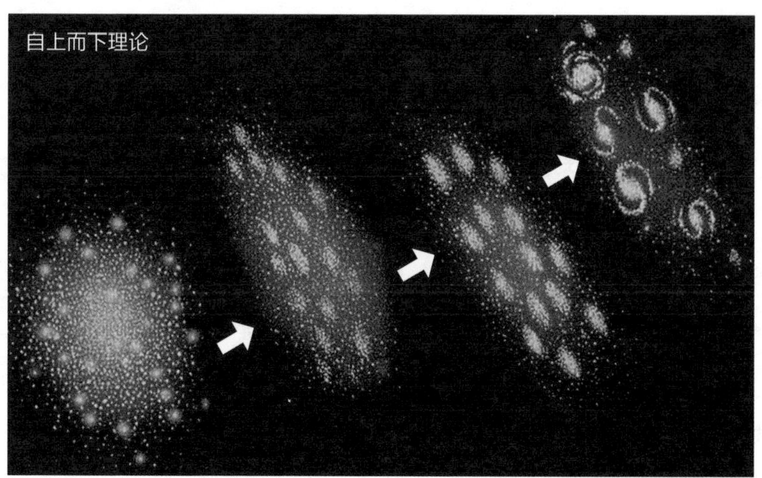

宇宙刚刚诞生后不久所产生的以氢气为主的原始气体中发生了巨大的密度波动，由此导致其周围的气体被推到一起，聚集起来形成了超巨型的气体团。在这气体团中又发生许多波动，由此聚集起来的气体再形成星系团，最后再演化出星系。

插图来源：矢泽科学办公室（Yazawa Science Office）

集到一起，从而形成超星系团、星系长城等巨型宇宙结构所需要的时间太长。

所有的观测结果都暗示着存在一种未知的物质，因此“暗物质[㊀]”（图 4）的概念被纳入到了星系形成理论中。凭我们现有的观测技术所能看到的物质仅仅只占整个宇宙中物质的很小一部分，暗物质假说认为存在于宇宙中的物质有 90% 以上都属于不会发出电磁辐射的暗物质（但目前我们仍不清楚暗物质究竟是什么）。

在刚形成的宇宙中，只要稍产生一些物质和能量的波动，暗物质的团块就会成为核心并加速聚集其周边的物质，从而使气体云（无论是巨大的气体云还是小的气体云）坍缩，让它很快就能演化成星系或星系团。

旧星系理论的界限

在现阶段，科学家们认为从暗物质的性质等来看，宇宙里最初形成的宇宙结构也许就是星系。也就是说更倾向于自下而上理论。但是这两种关于星系形成的理论，无论选择哪种都有解释不了的问题，因为只要把近些年来观测所得到的、越来越清晰的宇宙实际影像做一下对比，就会发现终究没有一种理论能和实际观测结果保持完全一致。

㊀ 暗物质
我们的眼睛所能看到的宇宙包括自身发光的恒星以及反射恒星光芒的星际气体等，但这样的物质只占全宇宙总质量的极小一部分，比如旋涡星系，根据其外缘部分的运动速度来推测，其实际的物质质量是肉眼可见的物质质量的 10 倍。而那些肉眼不可见的物质就被称为暗物质。

图 4　暗物质

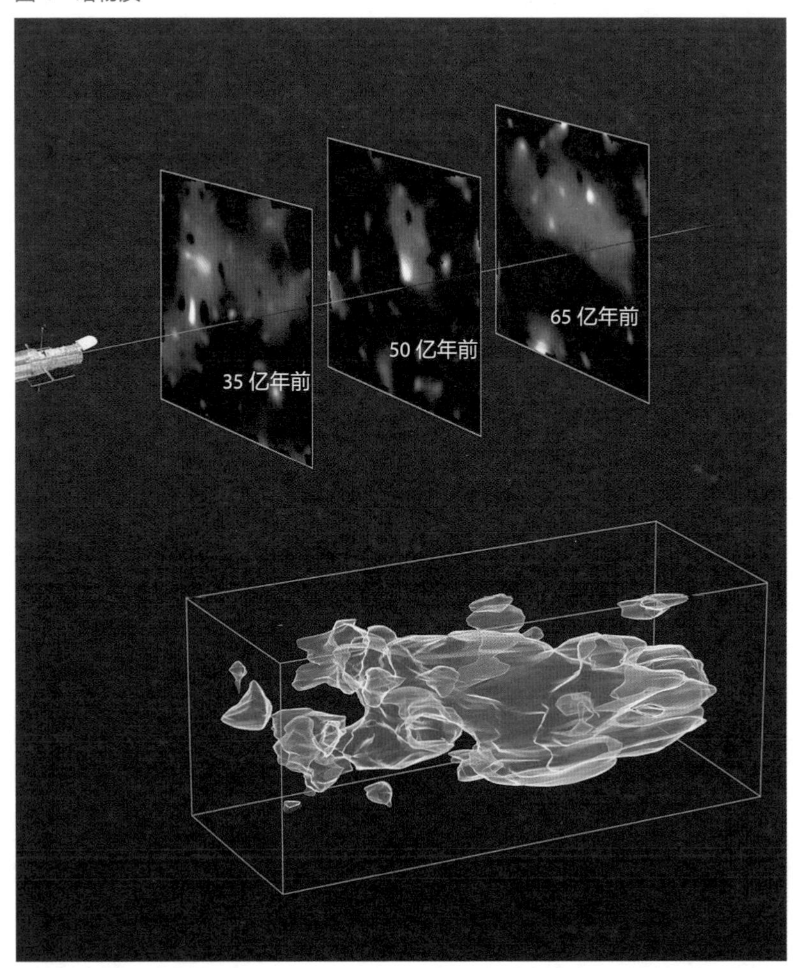

哈勃空间望远镜捕捉到的宇宙中暗物质的三维立体分布图。随着按宇宙年龄 65 亿年前、50 亿年前、35 亿年前不断推进，可以看出其分布状态受引力影响而分散开来，产生了很多团块。这被认为是支持星系形成自上而下理论的一个证据。

照片来源：美国国家航空航天局（NASA），欧洲航天局（ESA）及 R.Massey

其实我们的银河系并不是简单的圆盘形。银河系中心被称为银核（星系核）的部分是由老年恒星密集而成的，它的外围伸展着旋涡状的旋臂（星系臂）（图 5）。在旋臂的外围，叫作银晕（星系晕）的区域则呈球状包裹着它（照片 6）。

形成星系晕的物质主要以球状星团（图 6）为主。球状星团里的恒星都是宇宙中最古老的恒星，比处于星系中心的星系核、从星系核的外围伸展出的星系臂的年代要久远得多。据推测，其中有些恒星已经存在 150 亿年了，比宇宙（年龄约为 138 亿年）还要古老。

不过这样就会得出球状星团里的恒星在宇宙诞生之前就已经存

图 5　银河系的结构

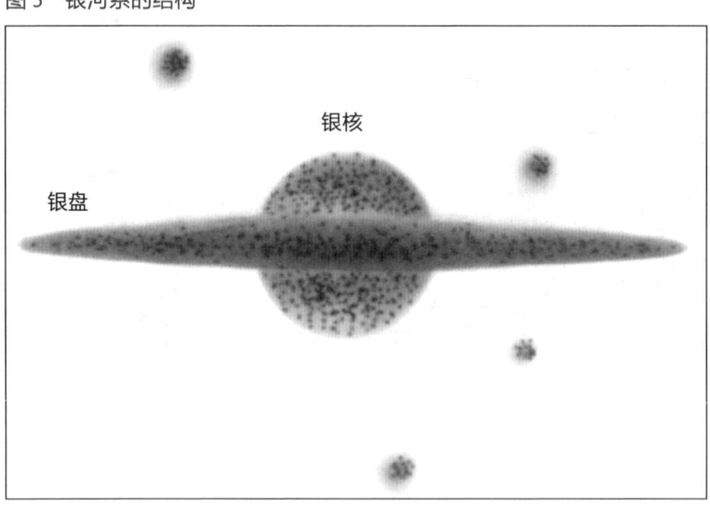

从正侧面看银河系的示意图。中央部分鼓起形成银核，旋涡状的旋臂伸向外围。在这些旋臂的周围还环绕着银晕。

照片 6　星系晕

星系晕呈球状包裹着旋涡星系外围的区域，其内分布着存在宇宙中最古老的恒星的球状星团。照片中的星系因为形似墨西哥草帽，因此也被称为草帽星系。

照片来源：美国国家航空航天局（NASA）/ 空间望远镜研究所（STScI）

图 6　球状星团分布图

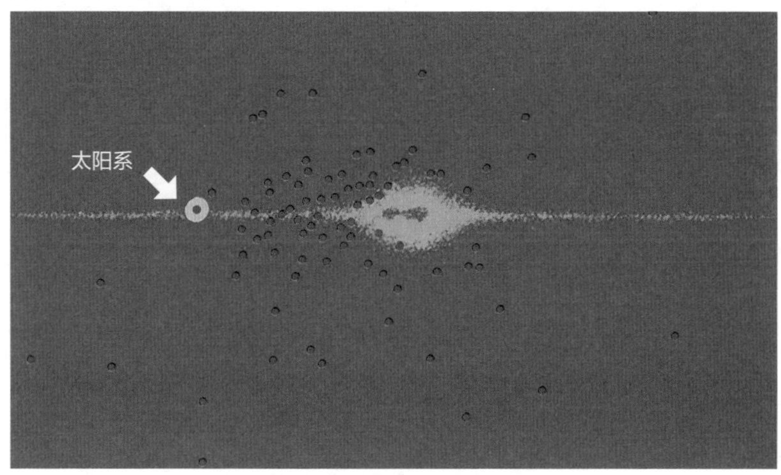

截止到 2007 年 7 月，在银河系的银晕里共发现了 157 个球状星团。在 20 世纪初，天文学家们就通过调查球状星团的分布情况，相当准确地测出了银河系的大小。

资料来源：H.Shapley

在了的结论。这意味着现代宇宙论或天体物理学里应该有什么地方存在纰缪。

另外，还有个问题无法解释，就是多数球状星团的运动方向是和星系漩涡的方向相反的。这个现象暗示着星系和球状星团的起源似乎并不相同。

所以，如此只用气体云坍缩的说法终究无法解释形态极其复杂的银河系的整个结构。科学家们推测，如果在宇宙形成之始就存在相当于一个星系质量的气体团块的话，气体的坍缩过程就完全不能均质地进行，而只会急速发生在其高密度的中心区域。

这时气体非常稀薄的外围区域会被排除在坍缩过程外，那样就不太可能存在我们如今看到的圆盘形结构的星系了。

星系的实际状况表现出了各种气体云坍缩理论无法解释的现象和内部结构。

星系与星系之间的碰撞

星系中还有更大的谜团。那就是星系与星系之间不但经常相互发生碰撞，大的星系吞并小的星系似乎也并不少见。

正如20世纪前半叶哈勃发现的那样，宇宙中所有的星系都在不断互相远离对方（图7）。这一重大发现成为整个宇宙正在膨胀的观测证据，也为大爆炸宇宙论的诞生做了铺垫。

同时这个现象也意味着星系并非一直停留在宇宙中的某一特定区域，而是始终在运动着的，并且星系与星系之间的距离也是不断

图 7　宇宙的膨胀现象

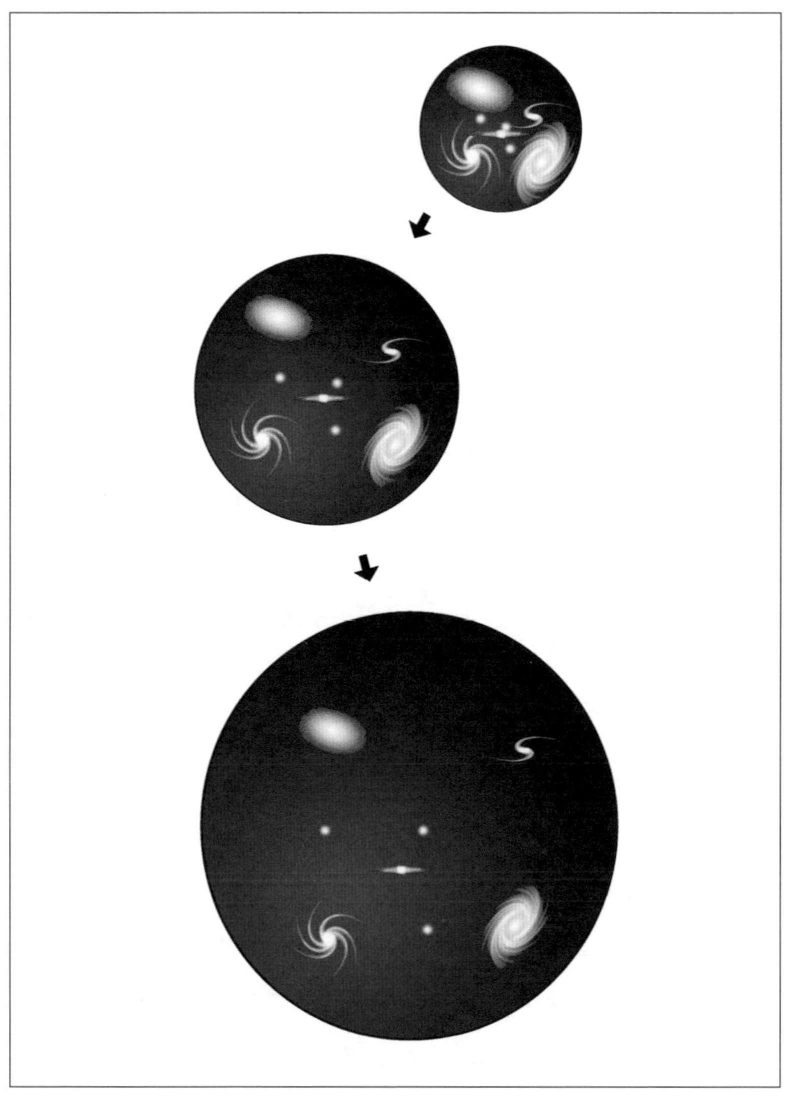

所谓宇宙的膨胀现象，是指随着时空的膨胀，星系与星系之间在相互远离。在这种情况下，无论从哪个星系来看，距离其自身越远的星系，离开的速度都越快。这个现象就好似烤葡萄干面包时，随着面包膨胀，它内部的葡萄干之间的间距会越来越大。

变化的。

如前文所述，无数的星系在宇宙中形成了巨型结构，我们所属的银河系也并非单独存在。它和距离我们 16 万光年的大麦哲伦星系以及距离我们 250 万光年的仙女星系（肉眼可见的最远天体）等共同组成了一个叫作本星系群的星系集团。

无论哪种现代的星系形成理论都涉及了这种星系的运动及聚集等问题。比如有一种解释说，虽然在刚开始，宇宙中只出现了无数小星系，但随着它们相互间的碰撞和合并，这些小星系在变成各种形状的同时也创造了更大的星系。

实际上，在关于仙女星系的最新研究报告中，认为这个星系曾经吸收了一个位于它附近的矮星系，因此科学家们开始意识到它和我们银河系的内部结构是十分不一样的。它的星系核里似乎存在着两个巨大的黑洞，而且它们形成了双星系统，不断把周围的物质吸入其中。

顺带一提，仙女星系和银河系正风驰电掣般地相互接近，在距离现在约 30 亿年后的未来，两个星系将会相撞、合并或受引力影响擦肩而过。总之，科学家们认为它们发生碰撞的可能性是存在的。

两个巨大的星系碰撞（照片 7），这场壮丽的“宇宙压轴戏”实在超出我们的想象（不过在这发生之前，大麦哲伦星系和小麦哲伦星系被我们银河系吞噬的可能性更大）。

在那遥远的未来，很难想象还会有人类后裔的存在，所以大概没有人能亲眼见证这个场景吧。

照片 7　星系间的碰撞

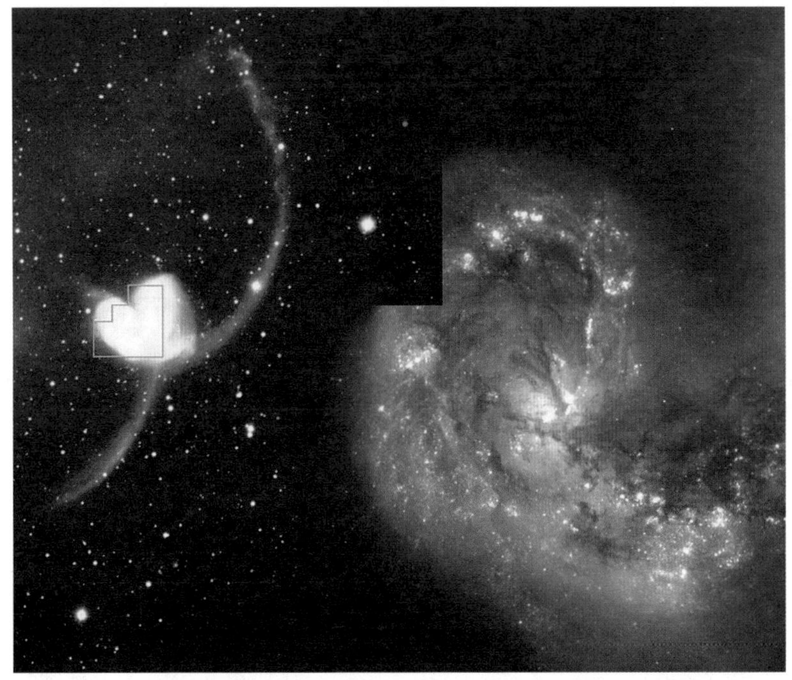

照片中，左边是通过地基望远镜看到的触须星系。因它的形状像昆虫的触须而得名。右边是哈勃空间望远镜捕捉到的该星系中心区域的影像。其中两个橘黄色部分是正在发生碰撞的星系，蓝色发光部分是星系碰撞所产生的星团。

照片来源：B.Whitmore/ 美国国家航空航天局（NASA）

年龄相差 30 亿年之久的球状星团

鉴于气体云坍缩理论同现在实际得到的宇宙观测结果有出入的地方并不少见，现在也有科学家主张用一个星系是由多个更小的气体团块合成进化而来之说来代替这一理论。如果各个气体团块的年龄不同且运动时机也不同的话，它们合并形成后的星系内部各处的年龄及运动方式等仍保持不同的现象就不足为奇了。

这个假说认为星系是这样形成的。

宇宙诞生后至多也不超过10亿年，即大约130亿年前的时候，在密度波动的最小区域中形成了很多球状星团。这些星团很快便聚集成球形，其外围就成为星系晕。接着在其内部，伴随着很多恒星的形成或者超新星爆发的发生从而演化出了星系核和星系臂。

1991年，英国的一个研究团队对银河系的银晕中的两个球状星团（NGC288和NGC362）的年龄进行精密测算后发现，前者的年龄比后者的年龄要古老30亿年，有150亿岁（这一结果确实是比宇宙的年龄还大，但在这里我们姑且把这矛盾点先摆在一边）。像这种球状星团之间的年龄偏差能达到数十亿年的现象也是支持这个假说的证据之一。

但在现阶段，科学家们仍没准确把握到银河系的银晕和银核以及旋臂之间的年龄差。另外，关于暗物质在那里又扮演了怎样的角色，被认为存在于星系中心的巨大的黑洞（图8及第68页的专栏）又发挥着什么样的影响力等问题也仍然无法得到解释。

无论如何，从今往后在我们思考星系形成过程的时候，不能再认为星系是独自形成并演化成现在这个样子了，而必须清楚它的形成和演化是一个各种因素盘根错节、复合起来的过程。

这样就能够理解为什么会有那么多形状各不相同的星系了。如果它们都只是因为气体云的旋转而聚集起来的话，那么所有的星系或许就都是相同的圆盘形了。可事实上从上文提到的仙女星系的这个例子就能明白星系是拥有非常多样且复杂的形态和内部结构的。

图 8 黑洞

黑洞是会把极大的物质吞噬到很小的区域里，时空曲率大到连光都无法逃脱的天体。

这足以让我们明白，无论哪个星系，在刚形成时确实都经历了同样的过程，即星系都是由宇宙诞生后的物质和能量的波动形成的，但在那之后每个星系的演化过程肯定各不相同，在它们变成如今这样的过程中势必经历了参错重出的变故和事件。

专栏

星系中心的超巨型黑洞

关于黑洞这个概念，自从 1915 年爱因斯坦发表的广义相对论预言了它的存在后，到现在已经有 100 多年的历史了。在相对论发表的第二年，德国天文学家卡尔·史瓦西依据他所发现的“史瓦西半径”的概念对这不可思议的天体的形态给出了理论上的描述（史瓦西于提出该理论的同年去世）。

黑洞这种天体是巨型恒星演化的最终形态。质量巨大的恒星在燃尽其内部所有的聚变燃料之后旋即引发引力坍缩，并将其外层的气体吹散到宇宙中，接着其内部的全部物质一齐朝着恒星中心落下，最终成为黑洞。

然而在这之后，黑洞会远远超过这颗巨大的恒星本身所能达到的终极形态的规模。因为据推测拥有数千亿颗恒星的星系的中心区域里，都存在一个超巨型的黑洞。

这种关于星系中心超巨型黑洞的假说之所以能够登场，得益于 X 射线天文学的发展。通过观测高能量宇宙 X 射线，发现星系中心区域呈现忽明忽暗的状态。如果星系中心区域只是恒星密集集中的区域，不可能会发生那种现象。但若假设在那片区域里存在着质量是太阳数百万倍乃至数千万倍的大得惊人的黑洞，这样的黑洞吞噬着它周围的物质时放射出高能量电磁波（X 射线），那么一切就能理解了。

比如在 M87 星系（照片 8）的中心区域有闪耀着光芒的等离子体流被以接近光速的速度喷射到 2600 光年远的地方。对于这样的现象的解释，唯有理解为在 M87 的中心存在着某种产生超高能量的“发动机”才合理。而那“发动机”正是超巨型黑洞。

随后在 M51 星系、活动星系 NGC1068 乃至和我们毗邻的仙女星系的中心区域都开始发现可能存在黑洞，并且这个数字还在不断增加。甚至有些天文学家认为所有的星系中心都有黑洞。当然我们所在的星系（银河系）也不例外。也就是说宇宙中到处尽是大得惊人的黑洞。

不过到了近些年，一部分天文学家基于哈勃空间望远镜和最新的 X 射线天文卫星等的观测结果对该假说也提出了疑问。因为在精密观测后发现，实际的 X 射线其实非常微弱，而且黑洞也并非是唯一能够引发这种现象的机制。看来就算如今已经进入了 21 世纪，宇宙对人类来说依旧是迷雾重重。

（矢泽）

照片 8　M87 星系

它的中心区域存在超巨型黑洞吗？

在碰撞与合并中复活的星系

前文提到的爱德温·哈勃已经在 1926 年对星系的外观形态做了几个分类（图 9）。分别是椭圆星系、旋涡星系以及棒旋星系等。

这套分类法被称为哈勃星系分类法，鉴于它到现在仍几乎原封不动地被采用，就让我们也借助它来简单介绍一下其中具有代表性

图 9　星系的分类

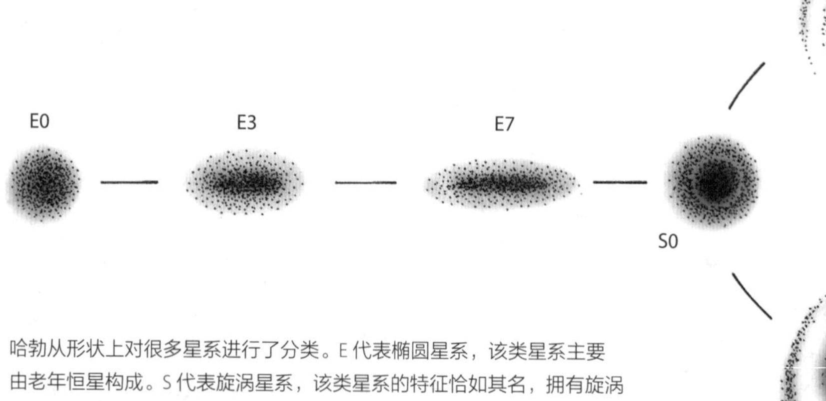

哈勃从形状上对很多星系进行了分类。E 代表椭圆星系，该类星系主要由老年恒星构成。S 代表旋涡星系，该类星系的特征恰如其名，拥有旋涡状的旋臂。SB 代表棒旋星系，我们的银河系就属于这类星系。字母后面的数字表示星系的扁平程度。a、b、c 与旋臂的卷曲状态相对应，从 a 开始卷曲的程度越来越松散。最右边单独展示的是不规则星系（Irr）的例子。

的星系的特征吧。要补充的是，这套分类法里不包含的星系称为不规则星系或者特殊星系。

① 椭圆星系（照片 9）

这类星系是演化得最成熟的巨大星系，大约在 100 亿年以前就因恒星的形成而几乎耗尽了星系内的气体物质。所以如今在其内部已经基本不存在作为恒星生成原料的星际物质，而只剩下红色的老年恒星。可以说该类星系是老龄化社会的星系版。

不过就在最近几年，天文学家们找到了几个内部存在蓝色的年

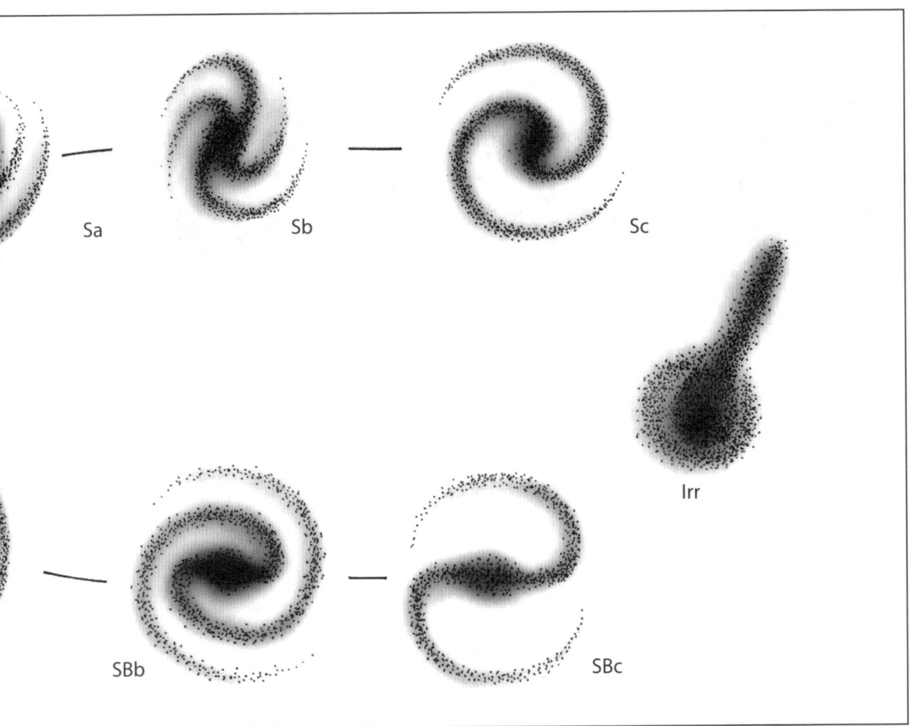

照片 9 椭圆星系

天炉座里的巨大椭圆星系 NGC1316。横贯其中心部分的黑色带状物质是宇宙尘（星际尘埃）。

轻星团的椭圆星系。虽然刚开始这一发现让天文学家们完全摸不着头脑，但后来他们认为这是由于古老的椭圆星系和新的星系发生碰撞并把它吞并了的结果。这也使得星系碰撞这样的宇宙大事件一下子展现在了人类面前。

②旋涡星系（照片 10）/ 棒旋星系（照片 11）

我们的银河系也是棒旋星系之一。从银河系中心的银核里呈旋

照片 10　旋涡星系

照片中这一典型的旋涡星系是猎犬座 M51。因为它携带着伴星系（NGC5195），所以也被称为“带孩子的星系”。

照片 11　棒旋星系

波江座的棒旋星系 NGC1300。它有两条非常醒目、又粗又长的旋臂。

涡状伸展着旋臂，它整体的角动量（旋转动量）非常大。在老年恒星集聚的银核的中心区域里，估计有黑洞的存在。在外围扁平状的银盘的区域里都是年轻的恒星以及星际物质。

③不规则星系（照片 12）

该类星系既不是椭圆形也没有旋臂，它内部含有大量的星际尘埃和气体。有很多不规则星系正处于不断产生新恒星的阶段。距离我们较近的大麦哲伦星系和小麦哲伦星系也属于不规则星系。

照片 12　不规则星系

大熊座的不规则星系 M82。天文学家们认为它是受到邻近的旋涡星系 M81 的引力影响才呈现出如此奇异的形状的。

照片来源：美国国家航空航天局（NASA），欧洲航天局（ESA），空间望远镜研究所（STScI）

④特殊星系

这是一类非常奇妙的星系，无论是大小、形状还是内部物质都和其他典型星系十分不一样。根据特殊星系的世界级研究者，美国天文学家霍尔顿·阿尔普（照片 13）的见解，他认为这类星系的存在是过去星系间反复相互碰撞导致的结果。

据他的预想，星系间一旦发生碰撞，双方的引力就会被扰乱，星际气体变得不稳定，星系核会下落。这时气体物质应该就会产生大量的恒星。接下来随着合并而诞生的全新的巨大星系就会返老还童，并拥有和通常的星系相差悬殊的外形和性质。

如此看来，宇宙中发生星系碰撞可能是相当频繁的，现在所观测到的各种相互间几乎没有任何共同点的星系，如果作为星系碰撞所导致的结果来看也就不足为奇了。他的这一见解也必然会对本篇的题目“星系之始”以及星系演化理论产生巨大的影响。

照片 13　霍尔顿·阿尔普

特殊星系观测领域里著名的美国天文学家。

照片来源：霍尔顿·阿尔普（Halton Arp）/矢泽科学办公室（Yazawa Science Office）

最新的星系“相互吞噬”假说

该假说是综合了以上这些观测结果而提出的新星系形成理论，其具体观点如下。

宇宙诞生后不久产生了无数小星系。这些小星系间不断周而复始地相互碰撞、合并导致恒星数量暴涨。于是星系受这些恒星的影响而发生了蜕变，同时规模也变得非常庞大并开始在宇宙空间中发光，变成了如今天文学家们所观测到的样子。

但是当研究者们把这假说的模型用超级计算机来进行模拟的时候却发生了问题。在模拟过程中，让巨型星系旋转的“暗物质团块”的数量超过一直以来根据观测所推测出的数量的 10 倍都不止。

于是在 2004 年，芝加哥大学的天文学家安德雷・克拉夫佐夫等人的研究团队发表了更新的关于星系演化的理论。该理论认为在大星系周围有由暗物质产生的数不尽的极小星系（矮星系）。

通常情况下，小星系内部因产生恒星的原材料气体被加热而高温。因此第一代巨大恒星在形成后仅数百万到一千万年左右就会迎来它的末期，发生超新星爆发，那时这些气体就会被吹散到小星系外的宇宙空间里去。

一旦到了这个阶段，从无数星系和类星体中放射出的紫外线会把扩散到宇宙空间里的气体物质加热，导致矮星系得不到新的气体物质的补充。于是矮星系就会逐渐坍缩下去。

根据专门研究矮星系这一阶段变化的安德雷·克拉夫佐夫的观点，在这样的矮星系中，也存在一些过去的质量比现在大，能靠自身引力把系外的气体物质吸引进来产生恒星，从而使自身急速演化为更大星系的矮星系。但在短暂的急速增长之后其大部分质量会被周围比它更大的星系吞噬。

这样的“星系相互吞噬”在当今的宇宙中也仍在进行，无数被“咬”去质量的矮星系为巨型星系的引力所束缚，成为它们的“卫星星系”——这是一幅过去谁都未曾料想过的、全新的宇宙景象。

研究者们认为该新理论能顺利地嵌入到大爆炸宇宙论的宇宙演化进程里。21 世纪初登场的这一“星系相互吞噬”理论最终能描绘出多少真实宇宙的样貌呢？要回答这个问题尚需时日。

不管是什么样的关于星系的新理论，但凡未基于无数闪耀在夜空中的星系曾相互碰撞抑或相互吞噬这一史诗般的历史，恐怕都无法揭开其真面目。

Part 3

太阳系之始

我们生存的太阳系是位于银河系边缘的一颗单独的恒星同它的行星家族以及卫星所组成的天体系统。据说太阳系是在大约 46 亿年前由漂浮在宇宙中的原始星云发生坍缩而形成的。这是基于怎样的依据或证据做出的猜想呢?

Part 3　太阳系之始

矢泽洁

形成太阳系的星际分子云

浩瀚无垠的宇宙中充满了谜团。但至少太阳系是我们生活着的、和我们很亲近的一个世界和空间。这么说来，最新的天文学或天体物理学能十分清楚地解释太阳系是如何诞生的，以及它是如何演化成我们现在所看到的这个样子的就不奇怪了。

但事实并非如此，与宇宙的诞生或星系的形成一样，太阳系的诞生也尚无法完全走出理论推测的范围，仍为众多谜团中的一个。

其原因是这样的。虽说宇宙中有数千亿的星系和包含在其中的、数量是其数千亿倍的天体（像太阳一样的恒星。照片 1），但像太阳系这样的星系，也就是恒星以及围绕它旋转的行星、卫星和彗星等形成的天体系统，在很长一段时间，我们都只发现太阳系这一个（图 1）。从太阳系内部观测宇宙，无法了解太阳系的起源，只能通过科学假说或者理论来进行推测。

不过近几年随着从哈勃空间望远镜（图 2）或位于夏威夷莫纳克亚天文台的日本昴星团望远镜开始，一台接一台拥有极高性能的天文望远镜的出现，在太阳系附近的宇宙中找到了超过 200 个与太阳系非常相似的恒星系。换言之，这一发现证实了在宇宙中存在着

照片 1　太阳

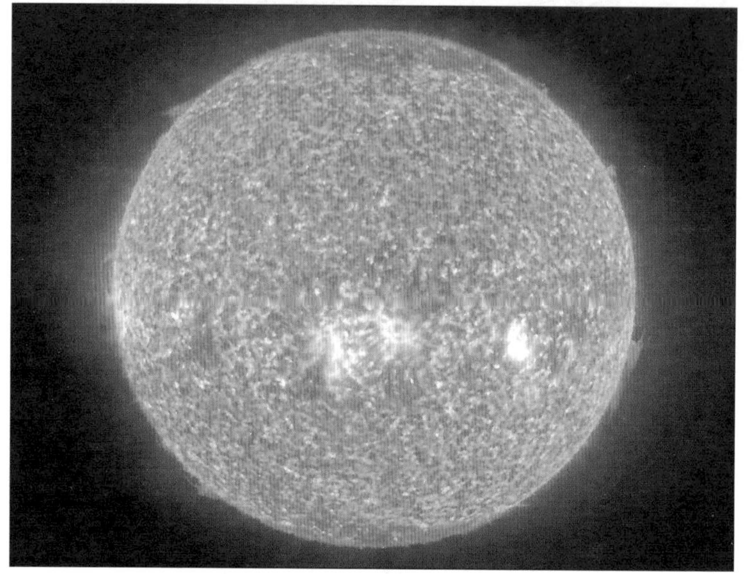

科学家们发现宇宙中除了太阳以外，还存在着无数拥有行星系的天体（恒星）。

照片来源：美国国家航空航天局（NASA）

图 1　太阳系

有八颗行星和数十颗卫星以及无数的小行星和彗星绕着太阳周围公转。关于太阳系是如何形成的目前还不是十分清楚。

插图来源：美国国家航空航天局（NASA）

图 2　哈勃空间望远镜

1990 年发射到近地轨道上的哈勃空间望远镜。这台望远镜不但能在宽广的波长范围内观测宇宙，而且比有史以来安置于地面上的大型望远镜看得更远，且能观测更暗的天体。

插图来源：美国国家航空航天局（NASA）/ 空间望远镜研究所（STScI）

无数像太阳系这样以恒星为中心，其周边有数颗行星绕着它公转的天体系统。

天文学家们很早以前就已经在猜想存在于宇宙中的恒星有半数左右并非单独存在，而是与数颗行星组成一个恒星系统（另外也有些并非是恒星系统，而是几颗距离非常靠近的恒星互相公转，组成多星系统。照片 2）。这一推测如今已经被证明为事实了。

这个事件不但意味着太阳系也不过是无数恒星系统中的一个，而且通过观测其他恒星系统很可能就可以揭开太阳系诞生的秘密。

目前关于太阳系诞生的细节有各种各样的假说，尚未到能够证

照片 2 多星系统

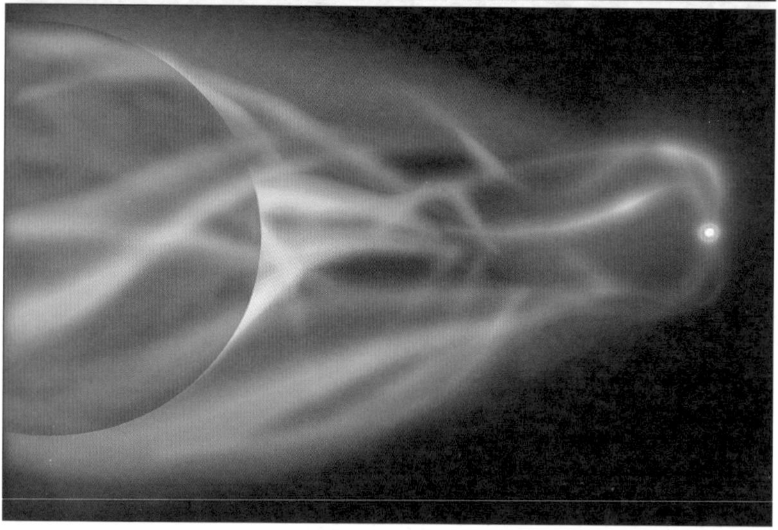

在宇宙中，几颗星球（恒星）相互靠近，互为对方引力所束缚进行公转的多星系统并不少见。位于上方的照片是 X 射线天文卫星伦琴卫星（ROSAT）捕捉到的多星系统，下方是多星系统的联想图。

照片（上）来源：德国马普学院（MPE），插图（下）来源：欧洲航天局（ESA）

实哪种假说才是正确的阶段（表 1 里总结了到现在为止已经提出的理论）。但其大致的“故事情节”，根据近年来的宇宙观测结果已经能够给出相当具体的描述了。所以接下来就让我们一起来了解一下当代的太阳系形成理论的具体内容吧。

表 1　各种太阳系形成理论（仅含主要观点）

1. 伊曼努尔·康德的星云说，1755 年（德国）	起初形成物质的元素（相当于气体分子的微粒子）以稀疏的群体状态扩散到宇宙空间。其中较重的元素通过自身引力会把较轻的元素吸引过来，逐渐形成一个大大的气体物质的云核。由于元素相互间有反作用力，这些气体云核会四处盘旋不定，于是气体云核相互间又会发生碰撞，从而变成一个更大的云核，然后这些云核会围绕在原始星云中心的巨大物质团块的周围，朝着同一个方向旋转，由此就产生了太阳和行星。
2. 皮埃尔·西蒙·拉普拉斯的星云说，1796 年（法国）	刚开始有一个缓慢旋转着的巨大星云状气体球。随着气体球逐渐冷却坍缩，旋转速度变快，原先的球体被挤压成了扁平状。因为其扁平状的程度不断变大，最终当其赤道部分所受到的引力和离心力相等时，那个部分的气体就会被以气体环的形态甩出去，而留下的中心部分的角动量便会减弱而稳定下来。不过中心部分的气体会再次发生坍缩，旋转速度变大，又会有气体环产生，这些气体环凝聚后就成了行星。拉普拉斯当时并不知道康德的假说，是他自己独立思考推测的。
3. 托马斯·克劳德尔·张伯伦和福雷斯特·雷·摩尔顿的微行星假说，1905 年（美国）	太阳原本是一个独立存在的天体，没有行星围绕。在某个时候偶遇了另一个天体。两个天体相遇时，双方相互呈双曲线的轨迹擦身而过。距离最近时，两个天体都产生了强烈的潮汐力，此时太阳内部便发生了爆炸，从面向另一个天体的一侧以及与之相对的另一侧都炸飞出去很多微行星。当另一个天体走远之后，在太阳的两侧，到处都是呈螺旋状聚集的微行星群，它们就成了行星或者卫星。类似这种涉及与其他行星相遇的假说统称为“偶遇假说”。

（续）

4. 詹姆斯·霍普伍德·金斯和哈罗德·杰弗里斯的潮汐假说（图3），1917年（英国）	这是修正了以上第3种假说的、纯粹的潮汐起源假说。金斯他们认为就算没有太阳内部的暴胀或者微行星群，太阳也在连续不断地喷出物质，从而形成了原始的行星和各自的卫星。其余没有成为行星的一部分物质分散在各处并对行星的运动轨道产生影响，使它的公转轨道基本呈圆形。比如水星的公转轨道演变成如今的样子花费了30亿年。虽然这一假说曾被认为解决了角动量的问题，但被美国天文学家亨利·诺利斯·罗素否定了。
5. 亨利·诺利斯·罗素的双星假说（图4），1935年（美国）	虽然上述第4种假说依据星云说可以很好地解释太阳系现在的样子，但对于其具有的角动量的说明并不充分。所以为了补救这一不足，罗素想到了太阳可能原本是个双星系统。在他的假说里，关于行星或卫星是因潮汐力产生这一方面和前者是一样的。但不同的是，他推测在和其他的恒星擦身而过时，那颗恒星把太阳的伴星“带走”了。1936年，英国天体物理学家雷蒙德·阿瑟·利特尔顿从理论上证明了他的假说实际上是有可能发生的。这是个期待奇迹发生的假说。
6. 卡尔·冯·魏茨泽克的湍流涡旋假说，1944年（德国）	现代星云说（不借助其他天体的影响，而是独立自主地完成整个诞生的全过程）的起源始于魏茨泽克。根据这一专注古典星云说并导入了新的湍流涡旋概念的假说，太阳系（恒星系统）起源于围绕着太阳的圆盘状气体云。该气体云的厚度约为一个天文单位（1.5亿千米），质量约是太阳的十分之一，整个都在围绕太阳转动。距离太阳越远的部分，气体云内部物质相互间的牵扯所产生的影响（内摩擦）就越会使其旋转速度的分布更平均。如此一来角动量就会向外侧传播，于是处于中心位置的太阳的自转就变得像现在这样缓慢了。另外，内摩擦的摩擦阻力会产生湍流涡旋，并且在第一次涡旋发生后的片刻，又产生了第二次涡旋。这第二次涡旋就制造出了行星。该假说能解释关于和太阳距离不同行星的大小或自转方向就会不同等问题。

（续）

7. 弗雷德 · 惠普尔的宇宙尘假说，1947 年（美国）	这是与第 6 种魏茨泽克的假说相同，也是基于湍流涡旋的一种假说。该假说主张构成原始太阳系星云的主要成分是高密度的宇宙尘。虽然那气体云中到处尽是湍流，但在它坍缩后形成太阳之际，周边朝着内部宇宙尘的团块成串地产生，并且旋转着以涡旋状落下来。这些团块收集着来自四周的宇宙尘，最终逐渐演化为原始行星。
8. D. 特哈尔的星云说，1948 年（荷兰）（译注：经查证 D. 特哈尔应该来自荷兰，原书上是丹麦）	该假说弥补了魏茨泽克假说的不足，主张太阳系是在太阳已经达到了现在的大小和温度之后才形成的。D. 特哈尔没有在意魏茨泽克假说的特点，即关于湍流涡旋发生顺序的方式，而只是侧重于描述涡旋制造出了日后演化成行星的云核的这一过程。他的假说不但试图解释了行星的公转和自转运动，还说明了从内行星到外行星的组成情况。
9. 杰拉德 · 古柏的星云说，1950 年（美国）	古柏的假说进一步发展了魏茨泽克和 D. 特哈尔的观点，他认为第一次涡旋就产生了行星。在这种情况下，虽然刚诞生的行星的自转方向和其公转方向相反，但由于受到来自太阳的巨大潮汐摩擦的影响，自转方向终会顺行（同公转方向一致）。凭借古柏的假说，当时所有关于星云假说的理论上的难点全都一扫而光了。
10. 电磁相互作用假说，克里斯蒂安 · 伯克兰（挪威）和汉尼斯 · 阿尔文（瑞典），1912 年—1935 年	以上所有的假说均只是从力学相互作用的角度来试图解释太阳系的形成。但自那时起，对于从这一角度进行解释抱有疑问的研究者就不在少数。1912 年，挪威的克里斯蒂安 • 伯克兰提出了侧重于太阳磁场等电磁相互作用的假说。他认为从原始太阳中被释放出来的庞大的带电粒子在呈涡旋状运动的同时也在远离太阳，它们聚集在太阳的引力和太阳磁场产生的斥力处于平衡状态的圆周上，在那里集中成一点并演化出了行星。这一假说虽然极不完整，但 1935 年瑞典的天文学家汉尼斯 • 阿尔文对它做了完善。根据修改后的理论，原始太阳是遇到了电离物质组成的星际云，使得大量带电粒子因受到引力和磁场的作用而被拉出来，从而产生了行星。形成太阳系的主要因素是仅仅依靠引力，还是依靠太阳磁场，并非二者选其一，但是能把这两种说法统一起来的假说还没有出现。

（续）

11. 现代理论，20世纪60年代至今	现代理论包括20世纪60年代，苏联的维克托·萨夫罗诺夫研究的“微行星碰撞说（萨伏罗诺夫模型）”，美国的艾利丝泰尔·卡麦伦提出的“卡麦伦模型”以及20世纪70年代京都大学的林忠四郎等人发表的“京都模型”和东京大学的松井孝典等人的“非均质模型”等。无论哪种假说，基本都是建立在星云说的基础上来解释行星的形成。其中萨伏罗诺夫模型和京都模型等都主张原始太阳系星云的质量是非常小的（仅占太阳质量的数个百分比），而卡麦伦模型则认为这个质量非常巨大（与太阳同质量）。之所以会产生如此截然相反的观点，源于一个争议点，即行星究竟是微行星聚集而形成的，还是因星云气体引发引力分裂，发生坍缩而直接形成的。另外，关于微行星的聚集，非均质模型认为最初先发生铁陨石一类的物质的聚集，之后才是含有各种元素组成的微行星聚合到一起。

矢泽科学办公室（Yazawa Science Office）

图3　詹姆斯·霍普伍德·金斯和哈罗德·杰弗里斯的潮汐假说

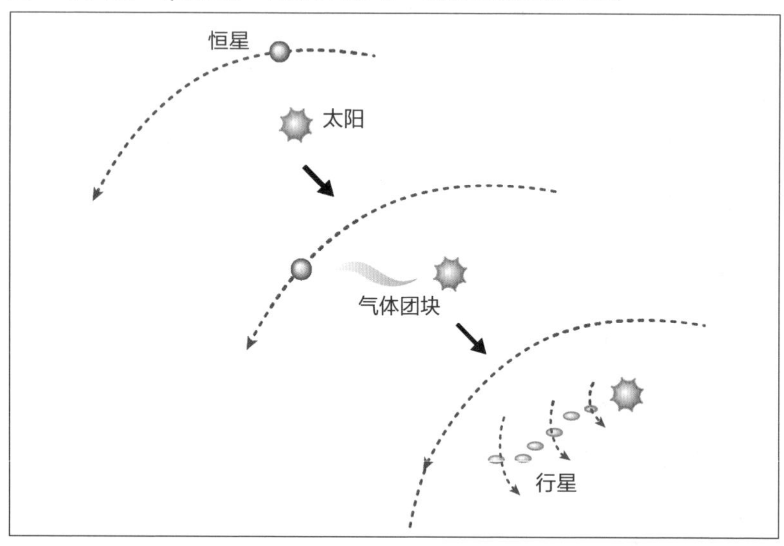

因受到太阳和靠近它的星球之间的潮汐力的作用，从太阳里喷出一大一小两个气体团块。若假设是个纺锤形的气体团块，并且其中央部分形成较大的行星，两端部分形成了较小的行星，那么就和现在太阳系里大小行星间的排列顺序一致了。

图 4　亨利 · 诺利斯 · 罗素的双星假说

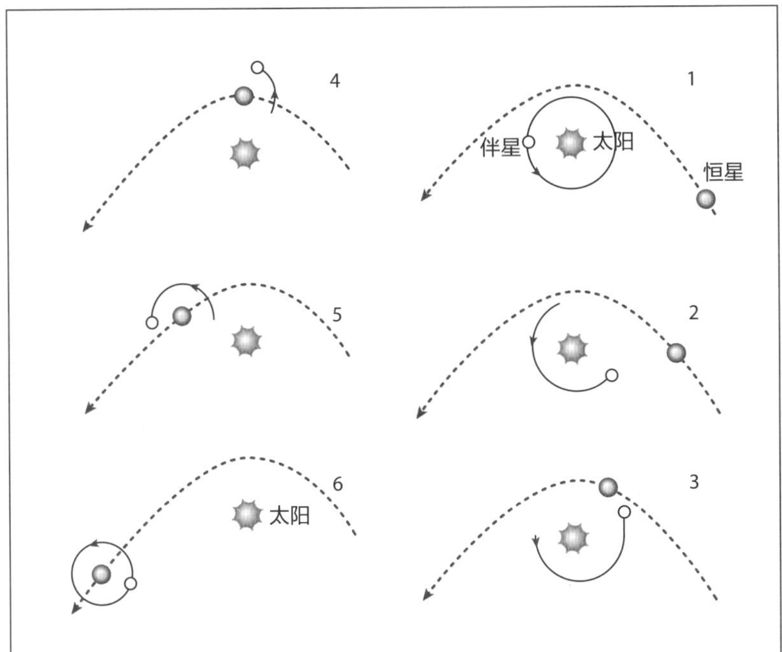

根据这种假说，太阳曾经拥有一颗伴星并一起形成了双星系统。某个时刻偶然一颗其他恒星从它旁边经过，由于强大的潮汐力，把气体从伴星中拽出，并且伴星的多数角动量也转移到了这团气体上。结果就诞生了具有极大角动量的地球和其他行星。

要揭开太阳系诞生的秘密，首先必须弄清太阳是怎样形成的。

太阳作为太阳系的中心，其质量差不多占了整个太阳系质量的 99.9%（表 2）。也就是说太阳以外的八颗行星、几十颗卫星（月亮）还有无数小行星以及彗星等全部加起来，它们的总质量也只有整个太阳系质量的千分之一。而且，这些太阳以外的质量多数都被木星和土星占据着（仅这两颗行星就占了约 90%）。

表 2 太阳系行星的赤道半径和质量

行星	赤道半径（km）	质量（$\times10^{24}$kg）
太阳	696000	1989000
水星	2440	0.330
金星	6052	4.869
地球	6378	5.974
火星	3396	0.642
木星	71492	1899
土星	60268	568
天王星	25559	86.9
海王星	24764	102

另外，曾一度作为第九大行星的冥王星，在 2006 年天文学国际会议上被决定从行星中作“降级”处理，如今它被归类为矮行星或者叫作类冥天体。

仅从质量就能看出，抛开太阳诞生的进程，太阳系的起源就无从说起。因此可以说太阳系的诞生与演化过程就是太阳的诞生与演化过程。

引力坍缩和热膨胀之间的竞争

现在关于太阳起源的标准理论主张太阳是由漂浮在宇宙中的气体和星际尘埃组成的巨大云团（星云或者星际分子云）形成的。在某个时候，星云的自身引力战胜了气体的热膨胀力。于是星云就开始坍缩，最终凝缩集中到了一个地方，便诞生了太阳（恒星）。

引力所产生的坍缩力之所以能战胜气体的热膨胀力，是因为恰好在那时其附近的巨大恒星发生超新星爆发，把能量及电磁波给推送了过来，或者是有来自旋涡星系的密度波经过而造成的。

这一理论是19世纪的德国物理学家赫尔曼·冯·亥姆霍兹（照片3）和英国的数学家、物理学家开尔文勋爵（照片4）以康德–拉普拉斯星云说为原型，通过科学研究而提出的。尽管这是关于太阳的假说理论，但也能扩展到宇宙中无数的其他恒星，可以由此认为那些恒星基本也是通过与太阳相近的机制和过程而诞生的。

因为漂浮在宇宙空间里的星际分子云处于–200℃以下的超低温状态，所以大部分构成分子云的原子相互结合在一起以分子状态

照片3　赫尔曼·冯·亥姆霍兹

德国物理学家。起初从医，后转向物理学，并在26岁那年用公式阐明了能量守恒定律，发表了相关论文，在科学史上留下了光辉的一页。他的贡献涉及相当多的领域，和开尔文勋爵一起提出的恒星坍缩理论“开尔文–亥姆霍兹坍缩”也是其中之一。

照片来源：美国物理联合会（AIP）

照片 4　开尔文勋爵

原名威廉 · 汤姆逊，是位 8 岁时就爱听他的数学家父亲讲课的天才。1851 年，独立于鲁道夫 · 克劳修斯，提出了他自己的热力学第二定律表述，另外他还参与了用以太的力学运动来解释电磁现象的尝试，在多个不同领域均有建树。

照片来源：A.G.Webster/ 美国物理联合会（AIP）

存在。虽然其中大部分是氢分子，但也含有氦、一氧化碳以及氨等分子。

星际分子云并非均质且安静地在宇宙空间里扩散，而是密度分布不均，且时而呈湍流时而呈涡旋状态。究其原因，科学家们认为这可能是由于其他内部波动、温度或密度和它不同的分子云发生碰撞，或者受到其附近的恒星爆发（超新星）所产生的冲击波影响等造成的（照片 5）。

气体密度大的部分由于质量集中，所以会比边缘受到更强的引力作用，于是这块密度不均匀的区域便加速演化，气体密度进一步增大。如此随着时间推移，最终就会变成恒星的“蛋”，也就是呈现出“原恒星”的样子（图 5）。

在这里让我们用现代理论简单整理下刚才提到的星际分子云所拥有的引力和热膨胀力的问题。因为在思考恒星的演化和寿命时，

照片 5　超新星的残骸

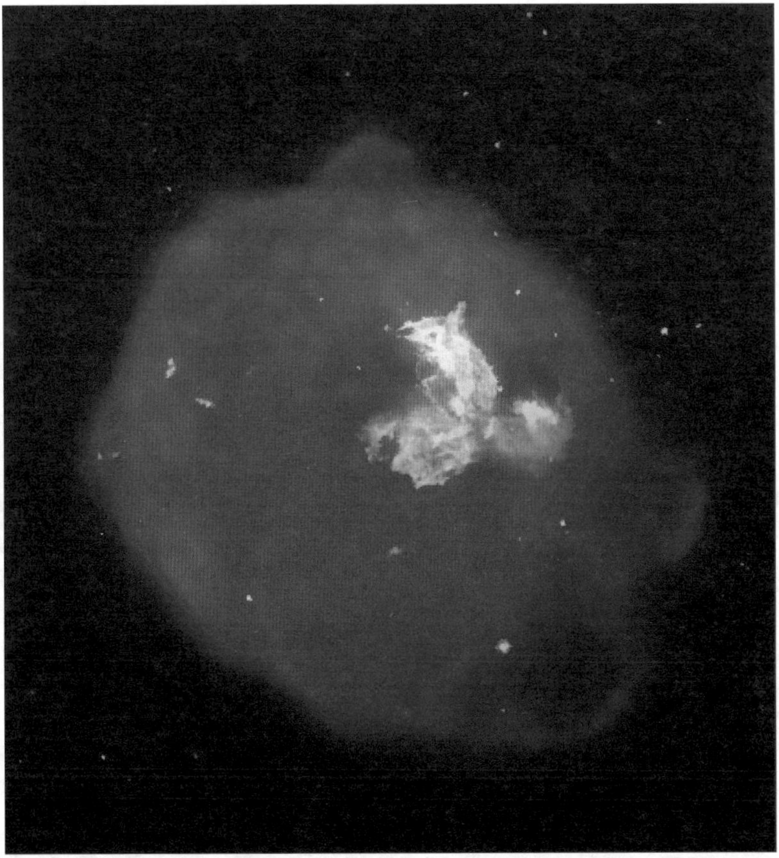

在分子云内部或者附近一旦发生超新星爆发，就会产生出强烈的冲击波扩散到四周的宇宙空间，使分子云内部产生密度不均匀的区域。这是钱德拉 X 射线天文台拍摄到的，把 X 射线影像合成为光学及电波影像后的超新星残骸 LMC-N63A 的照片。

照片来源：美国国家航空航天局（NASA）等

这两种力会频繁出现。

星际分子云的内部有两种能量，即引力能和热能。这两种能量会经常处于某种竞争的状态。引力把分子云推挤到一起，不断使它坍缩。但分子云一坍缩，内部压力和温度就会因此上升，反而产生热膨胀力。如此一来，引力坍缩和热膨胀之间的竞争便开始了。

图 5　恒星是这样诞生的

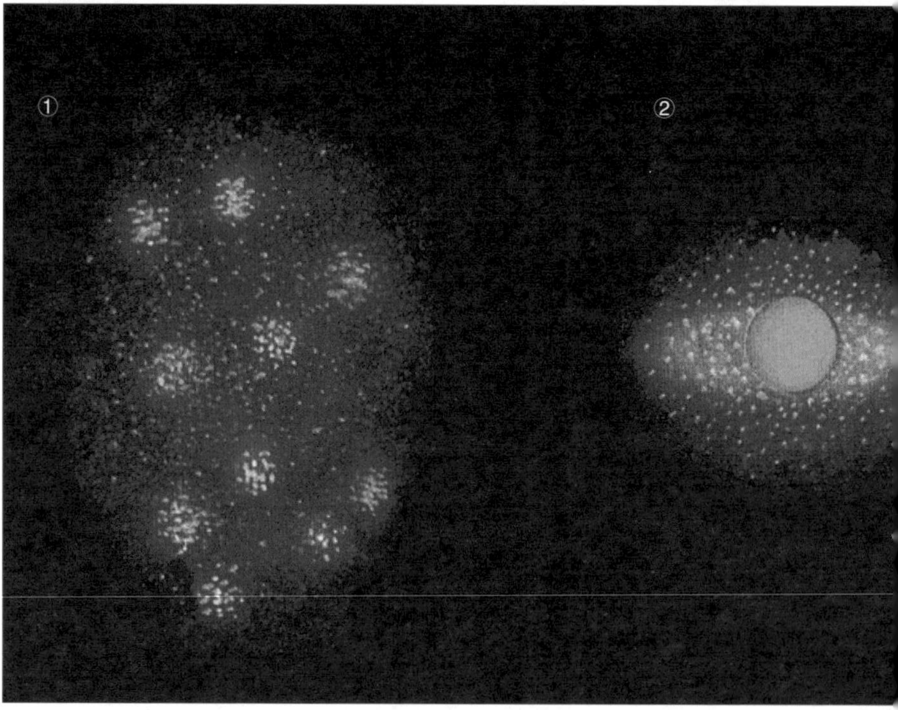

①星际分子云中形成恒星诞生的舞台，就是图中光点较密集的部分。②在它的中心部位伴随着分子气体圆盘的原恒星初步形成。

这两种力之间的竞争从分子云坍缩、恒星诞生到恒星演化乃至“寿终正寝”，跨越几千万年甚至几亿年，有时也会超过100亿年以上，过程中一刻都不会休止。如果是质量超过太阳10倍的巨型恒星，因为最后是引力打败热膨胀力，所以它继而会因引力坍缩而发生超新星爆发，把自己炸得粉身碎骨并从宇宙中消失（有时也会残留下中子星或者黑洞）。

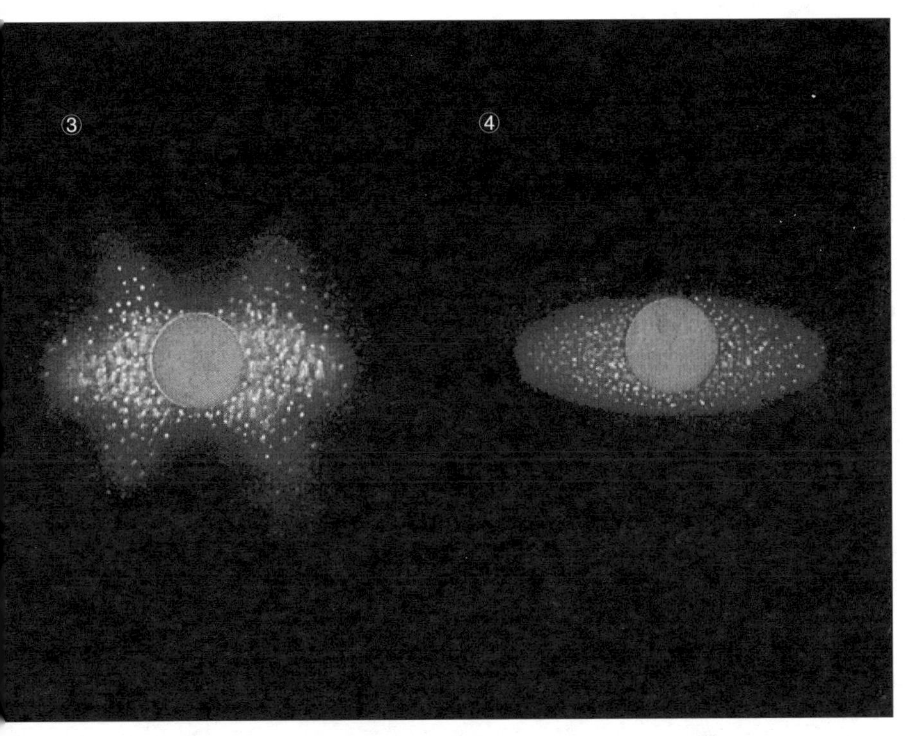

③和原恒星的气体圆盘呈垂直方向的激烈的分子流（分子喷泉）喷出。④分子流把周围的星际尘埃吹走后，物质从周边陷落的过程会停止，一颗伴着气体圆盘的新星出现。

当原恒星成为独当一面的主序星时

不过即使存在分子云的团块，只要上文中提到的引力和热膨胀力的关系不能得到满足，也未必能形成恒星。分子云是仅仅作为星际气体就此终了还是会变成闪耀在夜空中的繁星，取决于叫作“金斯不稳定性”的方程式。该方程式是以英国天文学家詹姆斯·霍普伍德·金斯的名字命名的。

图 6　星际分子云

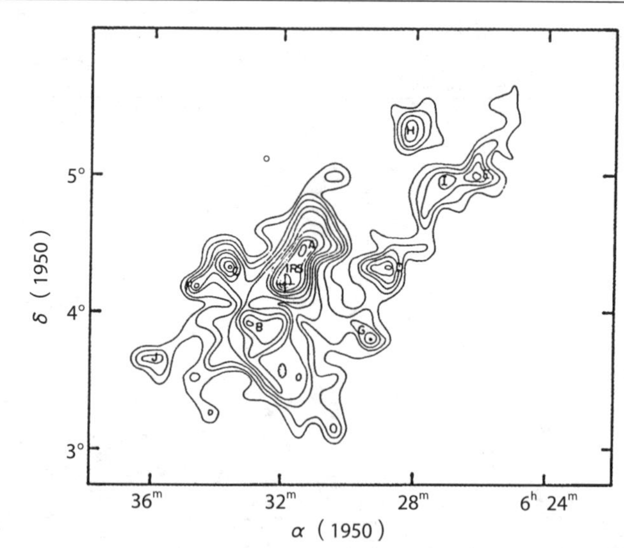

能看出星际分子云正在形成原恒星（通过射电望远镜拍摄到的麒麟座玫瑰星云）。在以氢元素和氦元素为主要成分的气体云的中心有好几个团块。太阳应该也是这样形成的。

资料来源：Blita & Thaddeus（1980）

根据这个方程式，即便分子云的质量达到和太阳质量相同的程度，当它的半径扩大到超过 3 光年时，也不会发生引力坍缩，因此也不会产生恒星。而在其他方面，如果分子云的质量是太阳的一千甚至一万倍，其分布范围的直径达到数十至一百光年，这样的分子云一旦发生引力坍缩，不会只产生一颗恒星，而是会有很多颗恒星诞生，因此很有可能形成星团。天文学家们认为一般情况下恒星并非单独形成，最初的原恒星一诞生就会通过放射出来的能量压缩其四周的星际气体，陆续诞生一颗又一颗恒星，组成星团（图 6，照片 6）。

照片 6　星际分子云

用光学望远镜拍摄到的麒麟座玫瑰星云的照片。玫瑰星云距离我们 5000 光年，直径达到太阳系直径的 65000 倍。

照片来源：加拿大 – 法国 – 夏威夷天文望远镜所（2003 年）

这张照片中是大量恒星正在形成中的、像三根长长的柱子一般的巨蛇座鹰状星云（M16。距离我们 7000 光年）。其分子云中到现在还有很多恒星不断诞生。我们的太阳在 46 亿年前应该也是这样诞生的众多恒星中的一颗。

照片来源：美国国家航空航天局（NASA），欧洲航天局（ESA），空间望远镜研究所（STScI）

如果这时坍缩过程太过急速导致内部压力和温度急剧上升，那它要么在变成恒星前发生爆炸，要么有可能引力坍缩受阻于内部压力而停下来。但实际上，因气体坍缩而导致的温度上升并不会那么急剧。使温度上升的热能几乎都以红外线的形式释放到宇宙空间，气体仍能保持低温状态，分子云就可以继续更进一步引力坍缩。

气体的密度越来越大，当达到原本分子云密度的 10^{20} 倍时，处于中心部分的气体终于变得“不透明”，也就是说此时的密度已经致密到红外线都无法向外逃逸的程度。如此一来热能便在内部开始积聚，中心部分（云核）的温度急剧上升。最终原恒星将会现身。

即便在这个阶段，由于处于云核外部的气体对于红外线放射仍是“透明”状态，因此气体会朝着中心部分持续坍缩，云核的密度和温度还会进一步升高。

从直径达到 1000 个天文单位（太阳与地球之间的距离的 1000 倍，约为 1500 亿千米）的状态开始到分子云开始发生坍缩，这一过程需要数千年的时间。但这段时间与之后所形成的恒星寿命相比，可以说仅仅是一眨眼的时间。

就这样原恒星里生成内核，内核中急剧积聚的热能失去了可逃逸的出口便引发了冲击波。冲击波会达到原恒星的近表面处，把表面加热，使原恒星突然变得无比明亮耀眼。接着，释放出了一定热量的原恒星内核会再次开始坍缩，内部压力不断增加，温度终于上升到数百万度时，氢原子终于开始发生核聚变反应。

另外要提及的是，对弄清原恒星内部所发生的这一进程的研究做出巨大贡献的是京都大学的天体物理学家林忠四郎。他的研究涉及的关于原恒星不是以放射的形式，而是以对流的形式将热能释放到外部，如此直到它成为一颗稳定的恒星的过程，在英语中也称为"Hayashi Phase"或"Hayashi Line"（林忠四郎迹程），这来源于他在 1961 年发表的研究论文。

到了核聚变阶段，恒星内核中的核聚变所产生的巨大热能会把四周致密的气体加热，超高温气体的热膨胀力（辐射压）与引力势均力敌。于是引力能和热能间达到平衡状态，原恒星成了能独当一面的恒星，开始了作为"主序星"的一生。

猎户星云的状态同理论的一致性

但是，关于恒星（以及太阳）诞生的这个理论模型是极度简化了的模型，并没有把星际分子云的自转运动、包含该分子云的星系的整体圆周运动等因素考虑进去。

如果分子云一直在慢慢旋转，它的旋转速度会随着自身引力、遵循着角动量守恒定律（见 100 页的专栏）不断加快。这样一来，受强大的离心力作用的影响，分子云有可能会分裂成好几块。

另外，大质量恒星诞生时，小恒星诞生时，或者数颗处于近距离、相互间存在引力影响的恒星同时诞生时，它们的进程也许会各不相同。这些情况意味着恒星在实际诞生时伴随着的现象比本文中所描述的更为复杂，而且这些现象也并非所有的恒星都会经历。

不过，以上这些恒星诞生的"剧情"作为天体物理学的最新理论基本是能成立的。在猎户星云中就能实际观测到恒星遵从该理论不断诞生的壮丽景象（照片 7）。

照片 7　猎户星云的原行星盘

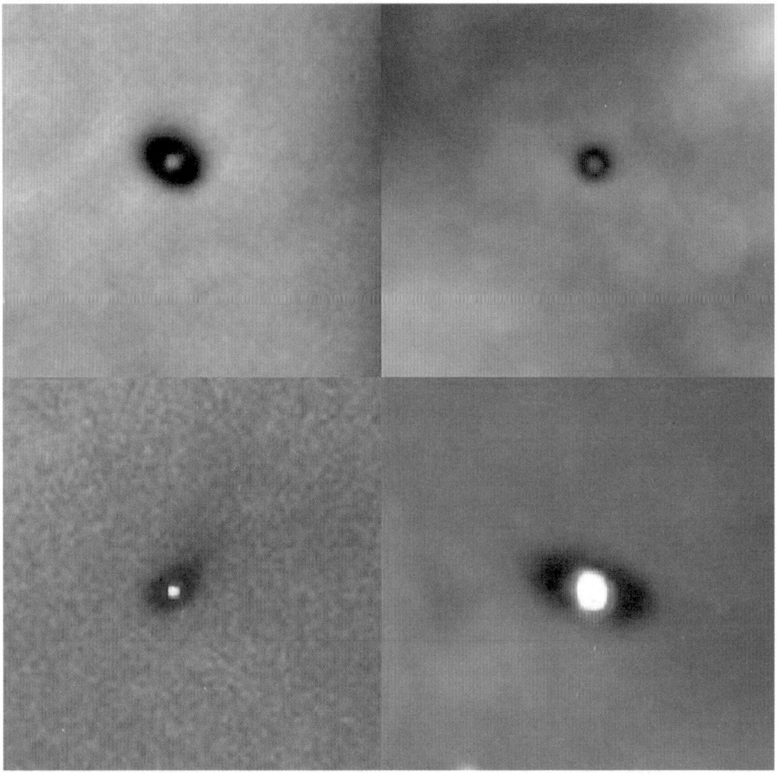

猎户星云的四个原行星盘。无论哪个都是浓密气体的圆盘，并在中心部分有个洞。科学家们认为在这个洞里存在着刚刚诞生的恒星。

照片来源：美国国家航空航天局（NASA），马克斯·普朗克天文研究所（MPIA）

当然，我们的太阳也是依照这个过程诞生的恒星之一。据推测自太阳诞生以来已经过了约 46 亿年，仅从它的质量以及相对稳定的状态来看，它只是宇宙里“芸芸众星”中的一颗，目前处于寿命恰好快过了一半的时期。

但这里的问题在于太阳还带领着以地球为首的行星群以及其他

小天体。太阳到底是什么时候通过什么样的方式产生出行星系，成为“太阳系”栋梁的呢？

太阳系里的三个观测事实

当存在诸多谜团的时候，为了解开最终谜团，首先应该要做的事恐怕并不是先随便提出个假设，然后试图把谜题套进这个假设中，而是应该先注重于“眼下的事实”。夏洛克·福尔摩斯在面对疑难案件时也是仔细反复研究现场留下的细微事实或证据从而最终让案件真相大白的。

在面对关于太阳系的诞生这一大谜题时，天体物理学家应该做的事也不外乎如此。如果不是从太阳系所展示的观测事实出发提出理论的话，无论该理论乍看之下有多完美，结果也只会成为缺乏科学实证的艺术创作。那么我们手上关于太阳系的事实材料有哪些呢？

大致来说，目前的太阳系具备以下三个基于观测事实的特征。

①关于行星的运动特征（力学特征）

太阳系中所有的行星都顺着太阳自转方向，且差不多处于太阳的赤道面绕着太阳做旋转运动（公转）。而且绝大多数行星向着同一个方向自转。唯有金星的自转方向很不可思议地和其他行星是反向的，其他的例外情况还有彗星的彗尾基本呈球壳状环绕着太阳的最外缘。

专栏

太阳系神奇的“角动量”

如果认为太阳系的运动是以完全守序的状态进行着的，可能会加大对这一由太阳和行星等组成的复杂系统的理解难度。在这一系列的谜题中，尤其让人百思不得其解的是太阳和行星所携带着的“角动量”（所谓角动量，是指物体做旋转运动时物体绕轴的线速度与其距轴线的垂直距离的乘积，这一乘积不会因物体的直径或形状改变而发生变化，即遵循角动量守恒定律）。

如本文中所叙述的，太阳的质量占太阳系质量的绝大多数（99.87%）。剩下的行星、小行星、卫星等全部加在一起，质量也只占了太阳系质量的 0.13%。但从角动量上来看，情况完全相反。行星的角动量占整个太阳系角动量的99.5%，太阳的角动量仅占了0.5%。

决定角动量的因素是物体的质量和旋转速度，以及从旋转轴到物体的垂直距离。所以配合实际的质量比例，假设大部分的角动量都集中在太阳上的话，那将会是现在太阳所携带的角动量的约 150 倍，太阳的自转周期也并不是现在的 25 天，而是应该只需 4 个小时。在这种情况下，太阳看上去似乎很快就要因离心力而分裂了。但事实却完全不同。因为形成太阳系的星际云是整体一起自转着的，所以可以想象在太阳系形成过程中的某个阶段，大部分的角动量从太阳转移到了行星上。问题是什么时候，怎样发生这种转移的呢？

关于这个问题天文学家们进行了长期的考察。他们认为有一种可能是在太阳系形成的时候，从太阳中剧烈喷射出的太阳风把太阳的角动量带走了。不过，这仅仅是一种猜测。近年还有人提出意见，认为太阳系运动的关键不在完全守序的状态中，而在无法预测的“混沌”状态里。果真如此的话，这个问题的答案大概就只能在混沌状态中找到了。

②行星的化学成分特征（化学特征）

水星、金星、地球还有火星，这四颗行星主要由金属和岩石构成，而构成木星和土星的主要是氢和氦这样较轻的元素，它们和太阳等恒星的构成成分是相同的。另外天王星、海王星、冥王星以及彗星等处于太阳系边缘的天体，它们的基本构成成分是冰。纵观太阳系的所有行星，距离太阳由近及远，构成成分依次按较重的元素到较轻的元素变化。

但是在这一看之下十分井然有序的排列中，唯有地球和火星上存在大量的水或者冰（照片 8）。如果这两颗岩石构成的行星是从高温中诞生的话，这大量的水又是从哪里来的呢？

照片 8　火星上存在水的证据

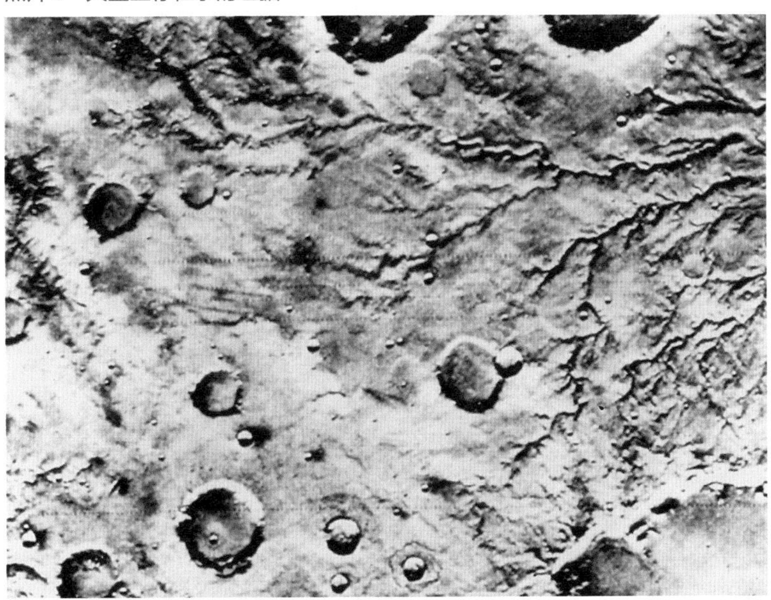

海盗号火星探测器在水手峡谷北部拍摄到的水流留下的痕迹。

照片来源：美国国家航空航天局（NASA）

③关于行星年龄的特征（年代特征）

根据同位素年代测定㊀，地球岩石中最古老的岩石至少已经存在了38亿年，另外，有的陨石的年龄超过了42亿年，而陨石内部甚至还有45亿~46亿年以前的物质。也就是说太阳系的行星起码是在46亿年前诞生的。这个年龄和推算的已经诞生了约46亿年的太阳的年龄大体一致，这意味着太阳和其行星几乎同时形成的可能性很大。

关于太阳系起源的理论（太阳系形成理论）要能够解释清楚这三大特征，同时不能和前文所述的恒星诞生的相关理论发生矛盾。

最古老的理论穿上新衣重获新生

迄今为止人们所提出的太阳系形成理论不止一个两个。从古代的“康德－拉普拉斯星云说”，到“潮汐假说”“双星假说”“湍流涡旋假说”“电磁相互作用假说”等，各种理论你方唱罢我登场。但在这里，我们主要来了解现代的主流假说。

从刚才的三大特征里我们可以得出一个结论，那就是我们的太阳系在距今约46亿年之前就已经从旋转着的星际分子云中诞生了。令人吃惊的是，这个结论并不是和新近提出的几个假说接近，而是和300多年前提出的最古老的太阳系起源假说非常接近。

㊀ 同位素年代测定
测定年代的绝对值叫作绝对年龄测定，这种测定法是利用不会受温度等外部环境影响的放射性元素的衰变或衰变产物的积累情况作为“时钟”。最为人所知的是根据碳14（半衰期为5730年）的残留比例来测定古生物化石的年代。

17 世纪，法国哲学家勒内·笛卡儿（照片 9）在其著作《哲学原理》中发表了他的宇宙观，认为整个宇宙是从气体状物质的涡旋运动中形成的。而且他还叙述道，太阳系也是由广阔无边的气体云通过坍缩而诞生，在那个过程中，气体云内部产生的涡旋形成了行星。

继承笛卡儿理论的是在他之后近 100 年的、伟大的德国哲学家伊曼努尔·康德（照片 10）。凭借《纯粹理性批判》等著作闻名于世的康德，在年轻时就匿名发表了《自然通史和天体论》（1755 年）一书，他在书中详细论述了关于太阳系是由气体状星际云产生的这一假说。随后又过了 40 年的时间，法国天文学家、数学家拉普拉斯侯爵（照片 11）提出了与之相似的观点，这些假说才被称为“星云说”或者“康德 – 拉普拉斯星云说”为世人所知（图 7）。

照片 9　勒内·笛卡儿

17 世纪法国数学家、哲学家，被誉为近代哲学之父。1637 年出版著作《方法论》，为分析、统合的方法以及身心二元论、解析几何等近代科学奠定了基础。在其著作《哲学原理》中，他提出了现代太阳系形成理论的原型，主张太阳系是由气体坍缩形成的。

照片 10　伊曼努尔·康德

德国启蒙运动时期最后一位主要哲学家，德国古典哲学创始人。他在了解了笛卡儿提出的太阳系形成理论后，进行了详细的考察并使之发展成为自己的星云说。

照片 11　皮埃尔·西蒙·拉普拉斯

法国数学家、天文学家。另外他还在热化学、引力理论、概率论等多个领域有建树，被誉为“法国的牛顿”。他在自己的专著《天体力学》（全 5 卷）中发表了有别于康德的星云说。因此星云说也被称为“康德 – 拉普拉斯星云说”。

图 7　康德－拉普拉斯星云说

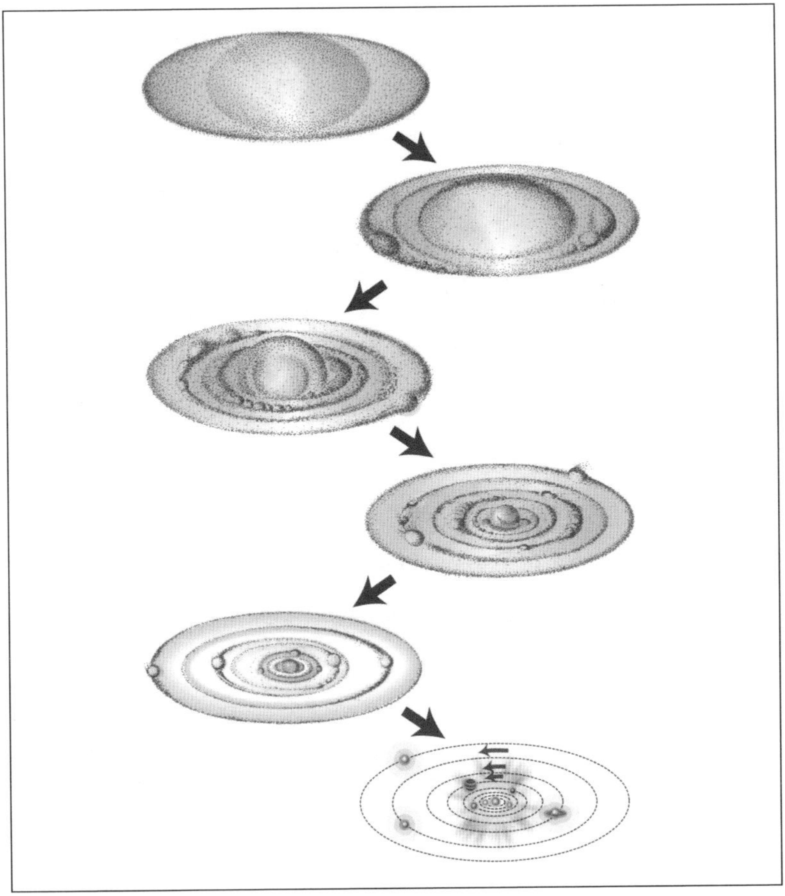

稀薄的气体圆盘一边坍缩一边逐渐加速旋转，从外缘开始，气体分子的气体环依次分离。这些气体环凝聚成一点，一个接一个地形成行星——这就是星云说的基本“剧情”。

图片来源：矢泽科学办公室（Yazawa Science Office）

为了避开一些难题，尤其是自转速度的守恒问题，后来的研究者们发挥了无尽的想象力接连提出了一个又一个与之不同的假说。比如“偶遇假说”或“潮汐假说”都认为曾经有其他的恒星偶然从太阳附近经过，那一时间的潮汐力使气体从太阳表面喷出，行星便是由这些气体形成的。

另外还有人认为太阳曾经和另一颗恒星形成相互旋转的双星，另一颗恒星（伴星）因有别的恒星靠近，表面的气体被“拉扯”走后，太阳捕捉到了这些气体，于是形成了行星。这是“双星假说”。

但是，这些“新假说”并没有幸存下来。因为从恒星里喷出的高温气体无论如何也不可能变成固态的行星。事实上，这些气体别说变成固态行星，一旦被喷射出，顷刻间就会扩散到宇宙空间里消失得无影无踪。

到了 20 世纪四五十年代，古代的星云说又被提到了现代科学的日程上，凭借着它能相对合理地解释上文列举的太阳系的三大特征而重新成为研究讨论的对象。自那以后，基于星云说提出的太阳系理论似乎在一夜间就接连不断地登场了。这些假说的数量实际达到 10 种以上，好像天文学家们正在进行一场制造太阳系的比赛。

角动量守恒和“原始太阳系星云”的诞生

重获新生的星云说的主要“情节”是从本章前半部分里所提到的恒星诞生理论开始的。和其他恒星一样，太阳系的故事也是从星际分子云因自身引力而发生坍缩开始的。

这块分子云曾缓慢地旋转着，随着坍缩直径开始缩小，由于角动量守恒，因此自转速度逐渐加快。当分子云的中心形成原恒星（原始太阳）时，它的速度变得非常快，环绕着其外缘的气体受到了非常强的离心力作用。由此一部分气体不再坍缩到原始太阳上而是被压成扁平状，变为绕原始太阳旋转的气体圆盘。这些气体圆盘和星际尘埃组成的星云就称为原始太阳系星云（图8）。

图 8　原始太阳系星云

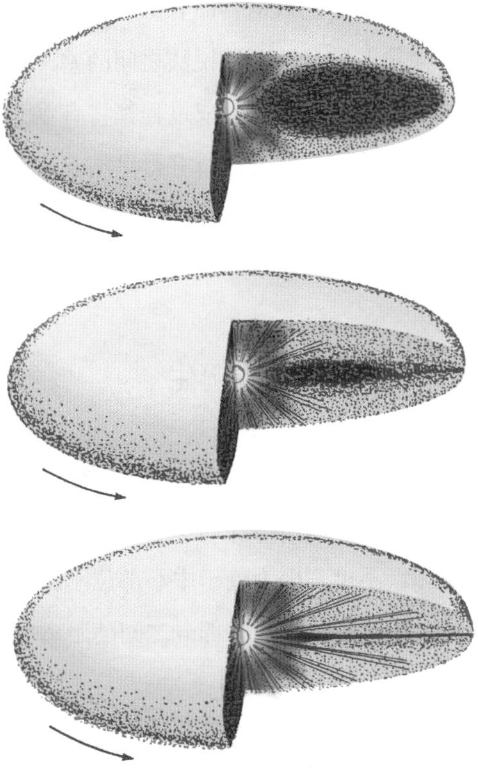

在环绕着原始太阳旋转的原始太阳系星云中，比气体分子重的星际尘埃（固体颗粒）落向气体圆盘的赤道面，因此温度随着密度上升而不断升高。

资料来源：B.Levin，《地球和行星的起源》（*THe origin of the Earth and Planets*）

朝向圆盘中心坍缩的气体和星际尘埃在自身引力能释放而温度升高的同时，由于还受到原始太阳的辐射，所以温度变得更高。靠近原始太阳的圆盘中心附近，随着温度上升，一部分固体颗粒的星际尘埃被蒸发，那些幸存下来的固体颗粒就成了形成行星的原材料。

在这样的论述中，天体物理学家们之间最大的分歧在于，随后形成行星的气体圆盘的质量。有研究者认为那个质量是现在太阳系内所有行星加起来总质量的数倍，而有的研究者则认为那个质量应该可以和太阳的质量匹敌。这两种说法之间的差距有数百倍之多，不管采用哪种说法，随后的行星形成过程都将有重大变化。但无论哪种情况，气体圆盘的质量比现在所有行星加起来的总质量都要大得多，这一点大家的意见是一致的。

此时此刻很快就会有行星诞生

在形成了如此一个直径和现在的太阳系不相上下的原始太阳系星云，并且气体和星际尘埃因坍缩而发生的引力能释放也结束后，气体圆盘开始冷却。不过，因为处于中心部位刚诞生不久的太阳不断向外辐射能量，所以气体圆盘各部分之间随距离太阳的远近不同而存在温差。

在逐渐冷却的气体圆盘里，气体分子间发生化学反应，产生各种化合物，这些化合物又再次聚合成液滴或者固体颗粒。最先形成的物质是金属和硅（岩石的构成材料）。随着温度进一步下降，它们又和硫化物、氮或者含有水分子的硅结合起来。

但在距离太阳非常近、温度几乎没有下降的地方不会产生这些物质，反而在远离太阳的地方由于温度下降到零下 70℃以下，氧和氢结合到一起形成固态水（冰）。尤其是土星轨道以外，碳和氢结合形成了固态的甲烷和氨。就这样，最终演化出太阳系的原始太阳系星云按照温度从中心到外缘分布着构成成分不同的固体颗粒。

这些固体颗粒又随着相互间或结合或分裂而不断演化，最终成为直径数千米至数十千米的巨型团块，这就是“微行星”（图 9）。微行星的大小规律是越靠近太阳系边缘，形成的微行星越大。

图 9　原始行星系星云中的微行星形成模拟图

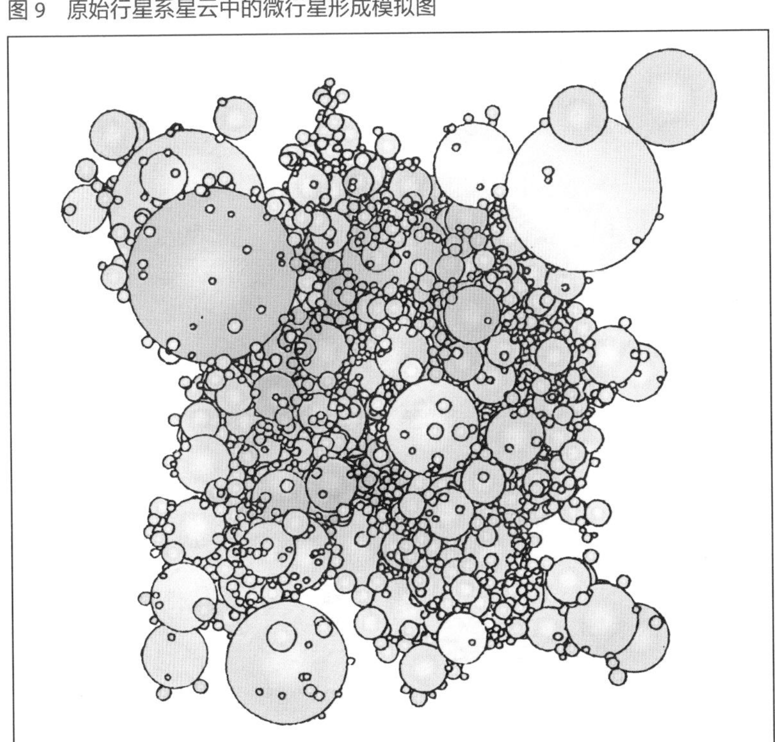

这是原始行星系中粒子间相互结合形成微行星的模拟图。行星就是从这样的状态中开始形成的吗？

资料来源：《起源》（*Origins*），剑桥大学出版社（CUP）

20 世纪 60 年代末，自从苏联的维克托·萨夫罗诺夫首先开始着手研究上述理论后，这一太阳系形成理论便被称为“萨夫罗诺夫模型”或者“微行星碰撞假说”（图 10）。

图 10　基于萨夫罗诺夫模型的微行星碰撞假说

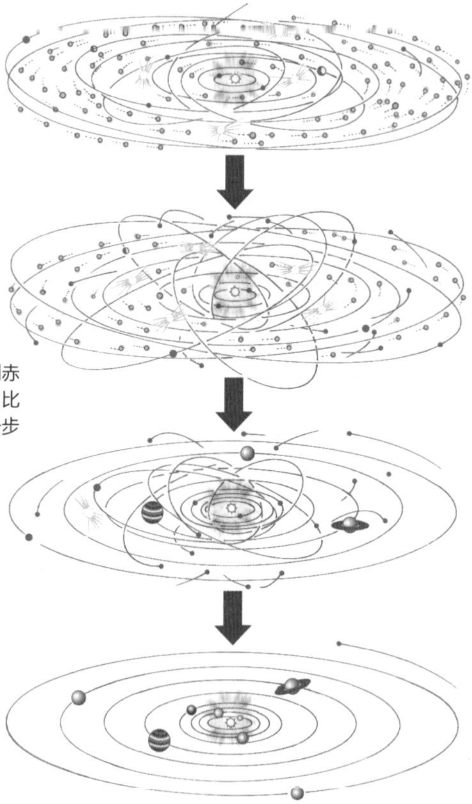

①先形成太阳。

②气体和星际尘埃落到赤道面，气体圆盘变薄，比气体重的星际尘埃进一步积聚，呈现出薄片状。

③～④薄片状物体因引力不稳定而分裂，分裂出的碎片又聚拢到一起形成微行星。

资料来源：B.Levin

图 10　基于萨夫罗诺夫模型的微行星碰撞假说（续）

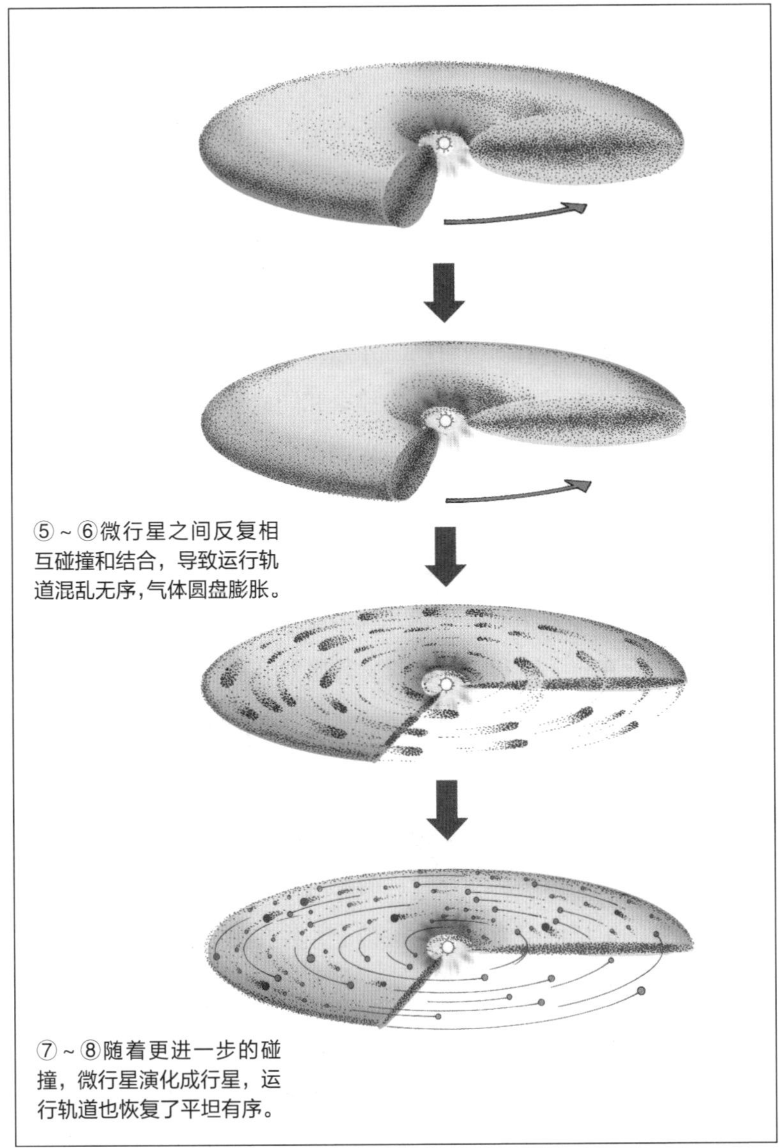

资料来源：B.Levin

微行星凭借着它的引力把周围的物质聚拢来，使自身进一步演化。我们刚才所提到的那些成分所构成的行星系很快就诞生了。

宇宙中存在无数个太阳系

关于太阳系形成的理论到这里并没有结束。还有一些诞生过程和前文所述不同，或者强调其他物理现象所起作用的假说。

另外，地球和火星等内行星为什么是岩石构成的，木星、土星等巨行星却为什么是由和太阳几乎完全相同成分的气体构成的，绕着行星旋转的卫星（月亮）又是怎样形成的呢？这些全都是太阳系形成理论里面的问题。

我们这里只关注太阳系诞生最初的过程是有原因的。那是因为我们要研究的问题本质上是在探究我们的太阳系在宇宙中是极其罕见的，还是存在着无数和它类似的“其他太阳系”。

在各种太阳系形成理论中，像前文提到的潮汐假说和双星假说那样寄希望于外部因素的理论并不少。但其中所假设的这些外部因素都是在我们这个宇宙中几乎不太会发生的现象。在太阳附近有一颗质量刚好合适的恒星从刚好合适的距离经过，使得双星中的一颗受到那颗别的恒星的引力牵引而被带走，并在刚好合适的距离上发生了超新星爆发——这虽然不能说是绝对不可能发生的事件，但已经有计算证明了发生这种情况的概率极低。

如果太阳系最初是靠这样的事件成功诞生的，那它毫无疑问会成为宇宙中一颗特点鲜明、与众不同的天体。这么一来连我们地球这样的行星，别说在银河系，即便在全宇宙那也是一颗非常稀有罕见的行星了吧。只有当小概率事件发生时才能站住脚的“剧情”，不是科学理论，而只能称为纯粹的空谈。

无论宇宙万物的规律乍看之下多么复杂，但终究基本还是朝着简单的模式发展的。因此，虽说现在仍有众多门派的太阳系形成理论，但最终应该还是会归结到一个比较简化且具有普遍性的星云说上。现代理论承认太阳系在宇宙中并不少见，恒星诞生时，同时在它周围诞生行星系更是相当普遍。

要解开太阳系诞生之谜，对于天文学和天体物理学来说都是最大的课题之一。尽管只通过观察太阳系来解开太阳系的诞生之谜是非常困难的，但近几年急速发展起来的对太阳系附近的“类似太阳系”（照片 12）的观测如果再继续进步的话，就有可能发现那些

照片 12　绘架座 β 星的原行星盘

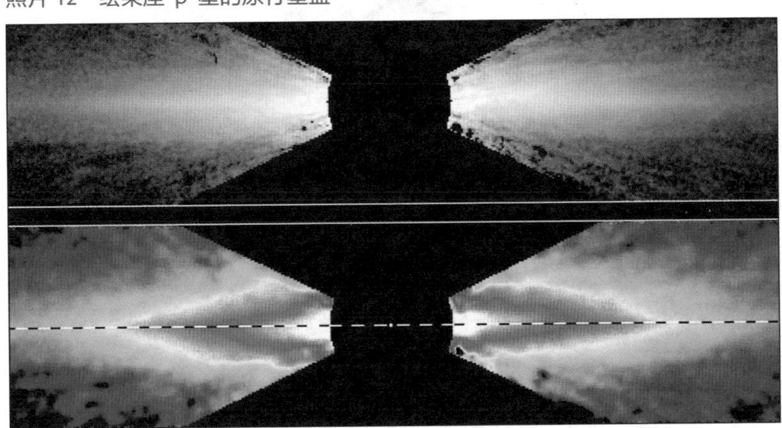

这是在距离太阳系 50 光年的绘架座 β 星里发现的原行星盘的样子。在这种拥有气体圆盘的恒星的周围有可能正有行星在诞生。
照片来源：欧洲航天局（ESA），空间望远镜研究所（STScI），美国国家航空航天局（NASA）

实际观测数据和理论之间的异同，从而验证理论的正确性了。

在过去二十几年的时间里，世界各地建造了很多巨型空间望远镜（照片 13）等先进的观测设备，并且逐渐得到了能够很好地模拟现实中的天文现象的计算机模拟技术的支援，我们似乎可以期待解开太阳系诞生之谜的日子了。

照片 13 巨型空间望远镜

近几年，主镜由直径达到 8~10 米的镜片组成的巨型地基望远镜一个接一个地出现，观测宇宙深处的能力有了质的飞跃。建设在夏威夷冒纳凯阿火山山顶的日本昴星团望远镜是世界上具有代表性的巨型空间望远镜之一。

照片来源：日本国家天文台

Part 4

时间之始

时间真的只是单纯地、不可逆地从过去流向未来吗？根据现代物理学，时间看起来似乎可以流向未来也同样可以流向过去。或许也有可能时间具有某种超越目前理解的、与宇宙有关的奇妙性质。在这章里就让我们一起来探究“时间之始”与“时间箭头”。

Part 4　时间之始

霍尔斯·海因茨

时间既流向未来也流向过去

按常理来看，“时间”是个简单的东西。万事万物皆有始有终。有出生，就会有死亡。任何人都会不可避免地通过面对自己的死亡来体会到这个道理。对所有的生物来说，感觉时间就是一个你试图改变其行进方向却无法改变的、绝对的、不可动摇的存在。这是由于把时间当作与空间不同的参数来看待的结果（图 1）。

想必谁都认同空间有分上和下、前和后、左和右这些方向。但时间在正常情况下却似乎只有一个方向。因此我们把过去和未来看作两个完全不同的世界。过去是个既成事实且不可改动的世界，未来是个只能凭借不确定的概率行事、充满不确定性和令人不安的世界。所以占星师和算命师能利用这一点来获利。

但是，如果时间只能不可逆地流向一个方向，就会产生以下的问题。那就是沿着时间线接二连三发生的事件，即“事件链”是否存有因果关系这一问题。如果事件链存在因果关系，那么未来会发生什么是事先已经注定了的吗？如果有连锁关系，我们的人生、我们的社会乃至我们的世界会被连接到哪里呢？

当考虑自己人生的前途时，或想要重新看待自己所属的社会、

图 1　绝对时间和相对时间

一般人观念里的时间是从过去流向未来，用钟表可以测量的是绝对时间（牛顿时间）。另一方面，根据广义相对论，时间是四维时空中的一个维度，会随引力或加速度如同橡胶般拉长或缩短的是相对时间。另外还存在各个生物体依据自身感觉所感受到的或快或慢的主观上的时间（柏格森时间）。

国家以及人类的历史时，谁都会抱有这样的疑问。

而且大家能注意到，只有通过历史性的观点来看待事物才能对于这样的疑问得出某种逻辑上的回答或结论。究其原因也是因为预言未来这种事已经远远超出了社会科学的范畴，只能做出错误或多或少的预测。

无论过去还是未来都是极其确定的

接下来，如果用科学的眼光来看时间的问题会有什么发现呢？这里所说的科学是指大多数现代人可以理解接受的物理学知识。

人们常说科学代表理性。大家之所以会如此看待基于科学提出的观点，是因为它具有决定论的性质。在亘古不变、放之四海而皆准的自然法则中，只要原因相同，那么，由它所引起的影响无论何时何地都会相同。因此时间线上将发生的事情都已经被提前设置好。一个事物的未来会怎么变化，已经在其初始状态（初始条件）里有所描述，那是由物理学基本定律决定的——这就是经典的牛顿决定论。

可能有人会认为相对于牛顿力学的世界观，量子力学的世界观并不是决定论而是基于统计和概率的。这是有失偏颇的看法。量子力学也并没有排除决定论的观点。量子力学在统计学上的决定论是绝对意义上的决定论的替代品，即它预言在微观层面上发生的小波动是概率性的，但在宏观层面上事物依然是注定的。

因此未来的不确定性并不是未来本身就具备的性质，而仅仅是人类这方面的问题，也就是说这不过是人类自身理解程度不够和无知的表现。

由此说明时间是个中立的参数，就单纯的只是方程式里的乘数，无论过去还是未来都是“不可动摇的确定的存在”。

英国的理论物理学家罗杰·彭罗斯（照片 1）在他的著作《皇帝新脑》（*The Emperor's New Mind*）中记述着以下内容。

“无论哪个物理学中成立的方程式都具有时间上的对称性。这些方程式都能同样用在任何一个方向的时间流上。因此，在物理学上，未来和过去具有完全相同的立场。”

综上所述，一方面是时间具有对称性，即这是双向流淌着的物理学世界，另一方面是我们所感受到的时间流向。两者之间明显有很大不同。

人类都能接受自己无法回到过去的事实，都已经体验到过去和未来俨然不同。我们自身所体会到的这个现象也能通过几个物理学定律来说明。其中最重要的是“热力学第二定律”。

照片 1　罗杰·彭罗斯

英国数学物理学家。彭罗斯认为：根据现代物理学，时间无论对过去还是未来，都是平等对待、双向流淌着的。

照片来源：霍尔斯·海因茨（Heinz Horeis）/矢泽科学办公室（Yazawa Science Office）

熵和热力学的“时间箭头”

英国物理学家史蒂芬·霍金在《时间简史》（*A Brief History of Time*）里为了说明热力学第二定律做了以下论述。

假设桌子的一端放着一个装了水的杯子。如果推动这个杯子——遵循牛顿运动定律——杯子恐怕就会掉到地上摔碎而水洒一地。如果把拍下这一系列事件的胶卷按下面的顺序来播放，就会看到打翻在地上的水从无数的碎片中不断汇聚起来回到杯中，接着杯子飞到桌上，站在桌子的一端——（图 2）。

看了这一系列画面的人马上就会知道是胶卷倒着播放，即物体在朝着错误的时间方向运动。因为任何人在日常生活中都没见过这样的事情发生。

这是一种不会以逆向连锁状态发生的情况，即不可逆过程，用热力学第二定律来解释是“在和外部没有物质和能量交换的体系（孤立系统）中，熵随时间增加”（而在可逆过程中熵不变）。

破碎飞散的杯子的熵

所谓熵，简单来说就是一个系统内部的“混乱程度”。比如放在桌上装了水的杯子和摔到地上打碎了的杯子之间，前者的熵值低——换句话说就是更有序。所以有的家庭主妇一看到散落在地上

图 2　碎了的杯子的熵

放在桌上装着水的杯子的熵（混乱程度）极少。但一旦被推倒并开始下落熵就急速增加，摔到地上碎片四处飞溅时杯子的熵达到最多。

的杯子碎片就会说“真是的，怎么弄得一塌糊涂啊！”，也许就是出于对熵的含义的感性认识！

熵增加（图 3）——熵值从极低变到极高。举个例子。不论是在寒冷的冬天通过暖气设备让房间变暖，使屋内温度保持高于室外温度，还是与之相反，启动冰箱使箱内温度低于外部温度，熵都是会增加的。究其原因，在于无论哪种情况，最终都会产生被称为废热的、内部比较混乱的能量。

由此随着时间的推移，无序的程度越来越高，即熵的增加使过

图 3 熵增加

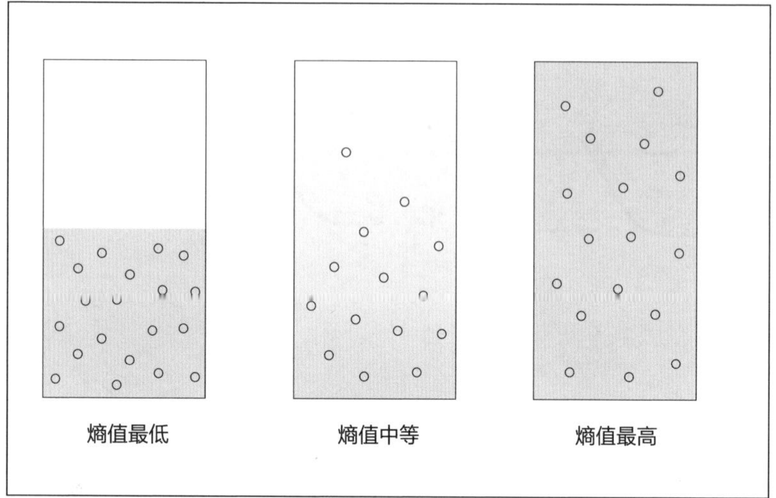

把箱子内部分隔成两个空间，一个空间里注入气体分子，然后撤去分隔，气体会扩散到整个箱子内部，最终气体密度会达到稀薄且均质的状态。如果把这个箱子比作宇宙，熵值达到最高的右图中的状态就表示宇宙的终结，不会再发生其他任何变化。这个状态被称为“热寂”，是从热力学第二定律“孤立系统的熵会增加”中归结出的。这一推论就像现在宇宙论里所主张的那样，如果宇宙的膨胀继续不断加速，也许终会在某个时候，无论星系、恒星或者所有的生命体都会彻底瓦解，迎来只有基本粒子稀薄地扩散到宇宙中的终结状态。

去和未来被明确地划分开来，形成了“时间箭头”。

霍金把时间箭头分为以下三种。第一种是“心理学时间箭头”，指我们人类所感受到的时间流逝的方向。第二种是“热力学时间箭头”，这是指前文中提到的熵增加的方向。最后第三种是“宇宙学时间箭头”，它是指宇宙膨胀的方向。

根据霍金的论述，这三种时间箭头都指向同一个方向（图 4）。

但是热力学的时间箭头和宇宙论的时间箭头为什么会方向一致呢？还有为什么熵会随着宇宙膨胀的方向增加呢？关于这些问题，

图 4　三种时间箭头

霍金认为宇宙中有三种时间箭头。第一种是心理学时间箭头，第二种是热力学时间箭头，第三种是宇宙学时间箭头，所有这些时间箭头都指向同一个方向。

霍金是这样解释的。

“宇宙在坍缩的阶段应该不可能存在任何生命。为什么呢？因为一方面那样的宇宙基本上完全处于无序的状态，而另一方面生物的诞生需要状态有序的能量。所以如果宇宙处于坍缩阶段，我们应该也无法在这里像这样对宇宙的本质提出问题了。”

有序和无序之间有区别吗？

可是物理系统里的熵到底是什么呢？彭罗斯认为熵就是单纯“从表面上看到的无序状态”。即就算杯子碎了，在那个系统里无数的粒子运动还是和之前一样井然有序。只是装了水的杯子一开始所拥有的表面上看到的秩序被破坏，不可能再让那种状态重现了。用通俗的语言来说，就是从表面上看到的（宏观的）结构被无意义地破碎成性质相同的单个粒子的运动。

但是彭罗斯所说的“从表面上看到”或者“无序”等说法是受观察者的判断所左右的，缺乏精确的用词。而且认为熵只会在“不可逆”的系统中增加的想法也不够严谨。如果我们把所有粒子运动状态的细节都考虑进去，那么所有的系统都会是可逆的，也就是可以恢复原状的。

问题似乎存在于现实生活中。就像我们都认为“杯子从桌子上掉下摔碎这种现象是不可逆的”。“不可逆这样的用词基本上是指这样的情况。既不可能持续追踪那个系统中各个粒子运动的相关情况，也不可能控制这些粒子的运动状态。这类无法控制的运动称为

‘热运动’。也就是说不可逆只是‘现实生活中的问题’”。

尽管这样不够严谨，但熵这个概念依旧在科学严谨的记述中起到了惊人的作用。彭罗斯说：“这样的适用性基于如下原因。要通过对粒子的位置或速度等的具体描述来说明某个系统的秩序从有序变为无序会非常庞杂，在宏观尺度上决定是或不是‘从表面上看到的秩序’的明显差异——几乎在所有的情况下——都会被完全掩盖。”

当宇宙中的熵达到极多时

最大的问题是我们在看现实世界时所产生的疑问。如果熵是和时间箭头相对应的，那么这个宇宙就会是从低熵值状态，即非常有序的状态中开始的。那么存在于过去的“低熵值状态”是从哪里来的呢？

彭罗斯为了解答这个疑问，首先从关于人类的话题开始讲起。因为人类是“低熵值形态”。人类摄入低熵值的能量（食物和氧气），又以高熵值的形式（热量和二氧化碳等）把能量排出体外。

但人类并不是通过这样的方式获得能量的，因为能量在这过程中会被保存下来。人类只是通过这种方式让自身保持在低熵值水平。

那么这个低熵值到底是从哪里来的呢？在这里我们必须特别感谢植物。因为植物在光合作用过程中熵减少了。植物吸收大气中的二氧化碳生成有机物和氧气，并利用有机物来生成自己的身体。而另一方面，人类则通过进食低熵值的植物来降低自身的熵值。

植物为什么能起到降低熵值的作用呢？因为它们借助了太阳光。太阳光是以低熵值的形式，即可见光的形式照射到地球上的。从外部获得的这种来自太阳的能量，虽然很快会再次反射回宇宙，但那时已经是以高熵值的形式，也就是红外线的形式反射出去了。彭罗斯做出了如下结论。

"我们地球所经历的是从宇宙中获得低熵值形式的能量，接着再全部以高熵值的形式反射出去的过程。"

地球就是这样持续接收着来自这个"天空中的放射源"——太阳的低熵值能量。

所以接下来的问题就是太阳为什么会成为那么强大的一个低熵值能量源呢？

太阳是由均质分布的星际气体因引力坍缩而形成的。在引力坍缩的过程中，发生了同坍缩相对抗的热核反应，使得太阳中心温度不断上升。

彭罗斯说："我们可以得出以下结论。我们现在身边找得到的令人吃惊的低熵值能量，如果追溯其源头的话……可能是因为星际气体的扩散在诞生恒星的引力坍缩过程中获得了巨大的熵值。星际气体是呈扩散状态开始的这一现象给我们现在带来了大量的低熵储备。"那么星际气体扩散又是从哪里产生的呢？

要回答这个问题得回溯到宇宙大爆炸的瞬间（图 5）。因为根据大爆炸标准理论，宇宙起点的"大爆炸"所产生的星际气体都扩散到周遭的宇宙空间了。而宇宙是从一个奇点诞生的，形成了时空和物质世界。那个时候的物质呈非常均质且高度有序的状态，熵值

图 5 宇宙演化和熵

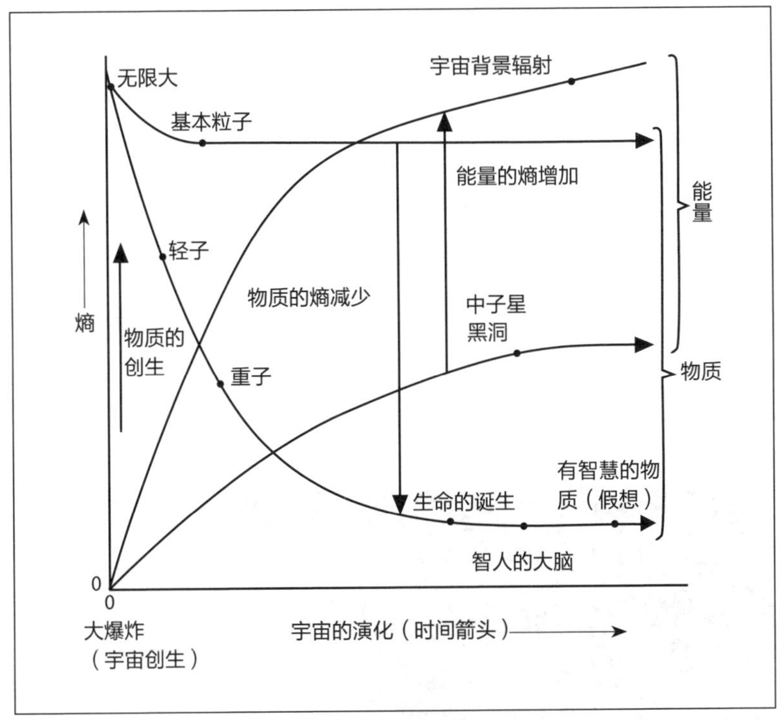

能量的熵不断增加（热力学第二定律的语言）。根据这个法则来看宇宙演化，大爆炸瞬间能量的熵为 0，如今增大到以中子星或黑洞为最小形式，以宇宙背景辐射为最大形式。另一方面，从不可知的奇点（无限大）创生的物质的熵到目前为止，底线是产生出智人的大脑这一极其复杂的结构。总之，宇宙一边让“吃”能量的物质复杂化，一边降低熵值。

资料来源：Robert Freitas 等

极低。它们因引力作用凝聚在一起形成恒星，继而又形成星系或黑洞等天体。彭罗斯基于对黑洞的分析研究做出了如下结论。

“这样的凝聚过程——尤其是凝聚成黑洞的过程——意味着熵值的大幅度升高。”

可能他这么一说会让人有些摸不着头脑。因为通常我们认为星际气体聚集产生恒星和星系的过程会产生更有序的事物。但引力场凭借着影响范围甚广且持续不断的引力作用使得物质凝聚的现象随时间不断进行且密度越来越大，最终坍缩成从表面就能看见的有序形式。也就是说从这样的过程中诞生出来的就是黑洞（图 6）。

而比这更大的混乱状态是下面这种情况。要让大爆炸以最低熵值开始，需要无比严苛的前提条件。要产生近似于我们现在所生存

图 6　黑洞（想象图）

数学物理学家罗杰 · 彭罗斯认为黑洞是熵值达到极高时的状态。虽然黑洞也是一种天体，但它会通过强大的引力使物质和能量所产生的低熵物质，即宇宙结构的秩序完全崩塌。

插图来源：Terence Dickinson/ 矢泽科学办公室（Yazawa Science Office）

的这个宇宙的宇宙，熵值必须严谨到：

$$1/(10^{10})^{123}$$

这是个在 1 的后面跟着 10^{230} 个 0 的大得不可思议的数字。仅仅排在那里的 0 的数量就已经远远超过了所有存在于宇宙中的粒子的数量！

宇宙和人类的悲惨命运

彭罗斯在更深一步理解热力学第二定律时说“不得不逼自己像钻牛角尖一样去思考”。因为在时空的奇点（类似大爆炸起点）中“我们所理解的物理学中的概念都达到了极限状态”。

看到这里读者们可能会有这样的疑问：那个大得不可思议的数字是不是意味着大爆炸假说本身哪里出了问题呢？

让我们姑且放下这个疑问，先来看我们能预计到的时间箭头所指向的未来。这个未来是注定趋向于熵增加的，它会在某个时候转入引力坍缩的过程，可能至多只能持续存在到最终发生大坍缩而使整个宇宙被消灭的瞬间（图 7）。

这对于人类来说是个十分悲惨的未来。但最近几年，相对于宇宙早晚会转入坍缩的观点，也有科学家主张宇宙极有可能会永久膨胀下去，所以目前看来也许根据这种预测来展望未来会比较乐观。因为比起会在某处开始转入坍缩过程的宇宙假说，主张宇宙会继续膨胀的宇宙假说更让人感觉到多少获得了一定的延期。

图 7 大坍缩

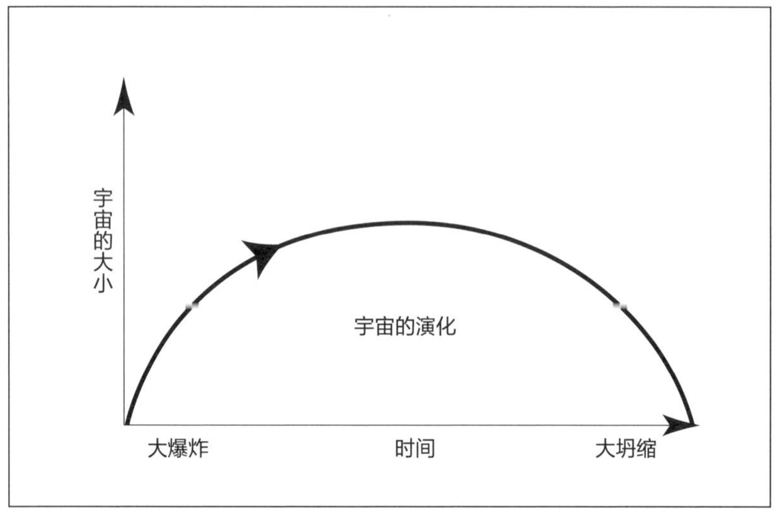

对人类来说，时间箭头和未来是指向同一个方向的。因为有大爆炸产生的宇宙会朝着因大坍缩而消灭的方向行进。或者时间箭头也有可能会指向因永久的宇宙膨胀而产生的永久的未来。

我们知道在这个宇宙中有各种各样的结构或形态，即星系或恒星乃至生命，他们都是在更有序的方向上诞生并生存下来的，并且这些进程仍在持续。人类当然也是这些进程中的一部分，科学家们甚至认为人类是我们已了解的宇宙范围里最复杂的机制了。

这种向更有序的宇宙进化的过程为什么会同时引起熵增加，而且为什么所有高度有序的状态最终都会沦为稍有余温而无意义的几近混乱的状态呢？要理解并说明这件事情对于目前的人类来说还比较困难。

如果那就是宇宙的命运，那就好似所有生物的一生都有悲哀的一面一样。人类一方面会随着时间的推移，不断增长知识、技术及经验，持续生存成长下去，而另一方面却无法反抗地随着年龄增长逐渐老去。虽然获得知识会在一个人活着的时候带来回报，但当一个人的人生到达了顶点，接下来距离自己的死亡所剩下的时间就已经不多了。时间箭头最终指向的也许就是和人类的这种命运相同的方向吧。

第二部分

生命篇

包括我们人类在内的地球生命据推算诞生于距今 30 多亿年前。刚诞生时恐怕只有由一个细胞构成的简单生物。但是这种生物在上亿年的时间长河中逐渐孕育出无数结构更为复杂的物种。终于在数百万年前我们人类的直系祖先诞生了。

关于生命诞生和物种的起源以及人类的起源的故事就是我们自身的简历。

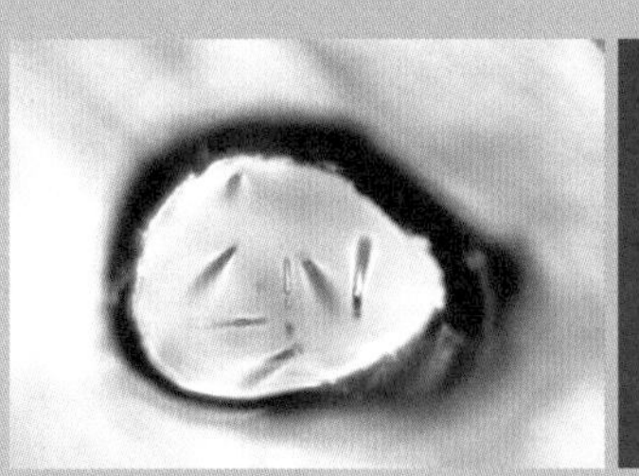

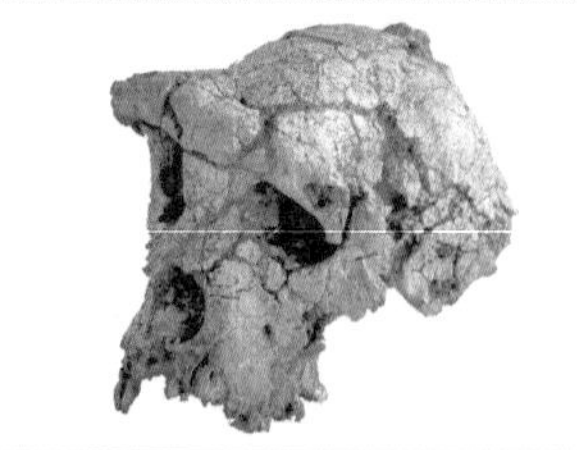

Part 1

生命之始

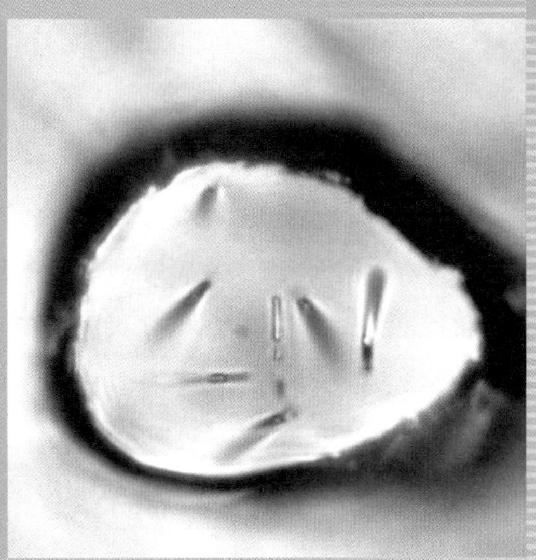

地球上的生命是从哪里开始的呢？是从刚形成不久的地球海洋里的“原始汤”里诞生的？还是从宇宙中来的“生命的种子”的产物呢？

在这篇中，让我们一起通过很多科学家的各种深入考察和研究来了解以人类为首的地球上所有生物的终极祖先和真正的生命起源。

Part 1　生命之始

新海裕美子

什么叫作生命？

1976 年，美国国家航空航天局（NASA）的火星无人探测器海盗 1 号和海盗 2 号的着陆器着陆在了火星红褐色的大地上（照片 1）。

这些探测器的任务之一就是要探索火星生命。因为处于地球外侧不远处的公转轨道上的火星也拥有大气层，虽然它的大气层只有地球的百分之一，非常稀薄，但仍被认为是在太阳系的行星中环境最接近地球的行星。

如果火星上真的存在生命，会是什么样的生命体呢？和地球上的生命类似吗？而且从根本上来说生命究竟是什么呢？

虽然我们人类和其他各种各样的生命（生物）一起生存在地球上，但从科学角度来定义生命并不简单。不同专业的科学家都会有不同的回答。

比如量子力学的奠基人之一埃尔温·薛定谔（1887 年—1961 年）说："生命就是摄入负熵食物，并使自身内部产生秩序的一种存在体。"。而因研究复杂系统闻名于世的斯图尔特·考夫曼则说："生命是拥有复杂系统的自然特性之一。"另外还有科学家认为"所谓生命就是非物质的存在"或者"能被踩死的东西"等。

照片1　海盗1号拍摄的火星红褐色地表照片

1976年，海盗号探测器（1号、2号）的着陆器分别在火星的克里斯平原和乌托邦平原着陆。这是海盗1号拍摄的火星地表照片。

照片来源：美国国家航空航天局（NASA）

但是对于这个问题，大多数的看法恐怕是“所谓生命就是能自我复制的一种存在形式”或者“生命是会代谢（摄入能量排除废物）的一种存在形式”。这里所说的“自我复制”就是字面上的自己复制自己，产生和自己相同的下一代的意思。

无论哪种地球上的生命都拥有基因，一种携带遗传信息的DNA序列（如果把病毒也看作生命的话，RNA也是基因），基于这个基因制造出自己的复制品留下子孙后代。同时把大气、水等物质摄入体内，作为维持身体成分或支持日常活动的能量来使用，并把不需要的东西排泄出体外。

回到本文开头的海盗号探测器，它是以假设火星生命也具有以上这些性质为前提进行火星地表探查的。但结果那次探测并没有找到任何生命迹象。

但是，和火星相比，我们生存的地球是生命的摇篮。这样的生命到底是什么时候、怎样诞生的呢?

生命是从物质进化而来的

虽然对于生命的定义各个学科有各个学科的说法，但有一点共识，那就是生命是从没有生命的物质中诞生出来的。

在欧洲，直到中世纪，主流观点都是“生命是通过神之手（从没有任何东西的地方）创造出来的”，或者像古希腊哲学家亚里士多德主张的“生命是向物质中注入了‘生命之气’后诞生出来的”。即使到了现在，世界上仍然有很多人相信生命是由神创造出来的。

但至少现在的科学家们不那么认为。多数科学家都认为是存在于过去的分子逐渐变得复杂化（即化学进化），最终诞生出了最原始的生命。

至于具体描述最原始的生命是怎么出现的，现在仍有各种观点，尚无最终答案。

地球生命在地球诞生后不到 10 亿年就出现了

通常认为地球上出现生命是在距今 46 亿年前地球诞生后的约几亿年到十亿年之间（图 1）。

大约在 46 亿年前，刚刚形成的地球像颗大火球一样处于高温

图 1　地球生命史

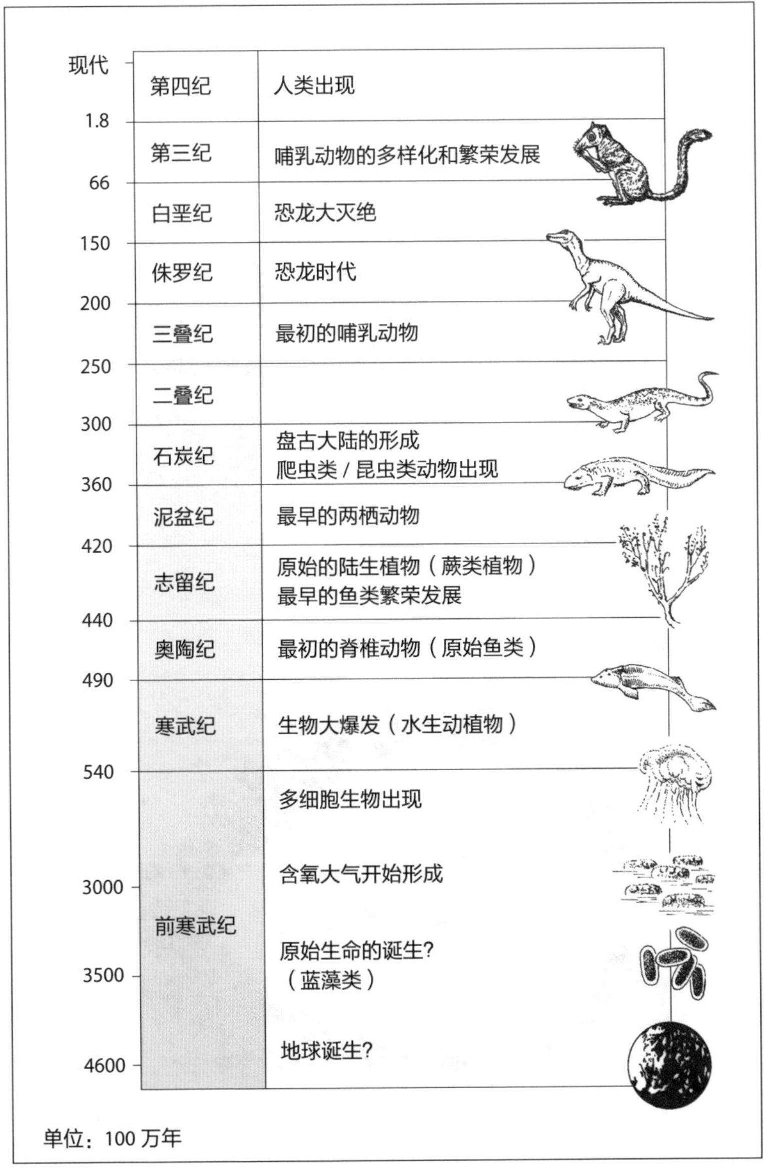
现代
1.8
66
150
200
250
300
360
420
440
490
540
3000
3500
4600
第四纪
人类出现
第三纪
哺乳动物的多样化和繁荣发展
白垩纪
恐龙大灭绝
侏罗纪
恐龙时代
三叠纪
最初的哺乳动物
二叠纪
石炭纪
盘古大陆的形成
爬虫类 / 昆虫类动物出现
泥盆纪
最早的两栖动物
志留纪
原始的陆生植物（蕨类植物）
最早的鱼类繁荣发展
奥陶纪
最初的脊椎动物（原始鱼类）
寒武纪
生物大爆发（水生动植物）
多细胞生物出现
含氧大气开始形成
前寒武纪
原始生命的诞生?
（蓝藻类）
地球诞生?
单位：100 万年

状态，地表上不断有陨石坠落下来，因陨石的撞击和爆炸，地表不断地熔解，连现在看到的地表都尚未形成。地球整体几乎被二氧化碳构成的浓密大气笼罩着。

在这样的地球上无法存在任何生命。但随着陨石撞击逐渐减少，地表慢慢冷却，大气温度也开始下降，厚厚的云层遮蔽天空，这些云变成了暴雨倾泻到了地表。当暴雨结束时，地表出现了一望无际的海洋。

如此一来使得温度下降，地球变成了一颗比较平静的行星，没过多久就出现了最原始的生命。之所以做出这样的推论，是因为在格陵兰有 38 亿年历史的沉积岩中发现了很可能是由生命体产生出来的物质（照片 2），也就是说，在 38 亿年前，地球上已经存在生命了。

照片 2　地球上最古老的生命

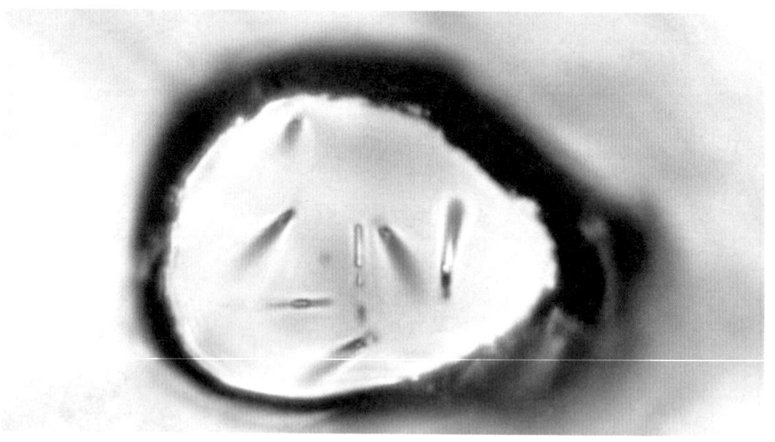

38 亿 5000 万年前的岩石中残存着地球上最古老的生命的遗迹（显微镜照片）

照片来源：斯克利普斯海洋研究所（Scripps Inst. of Oceanography）/ 矢泽科学办公室（Yazawa Science Office）

另外，约有 35 亿年历史的一种叫作叠层石的岩石，据推测也有可能是当时的原始细菌（蓝藻菌或蓝藻类）制造出来的产物（照片 3、4）。事实上，在这种岩石中也确实发现了微型的化石。

那么在陨石撞击时代结束的约 42 亿年前到最原始生命出现的数亿年间究竟发生了什么呢?

照片 3　叠层石

这种叫作叠层石的岩石是 38 亿年前的前寒武纪时，在地球上繁衍生存并产生含氧大气的原始细菌（蓝藻类）形成的。　　照片来源：OKA-SAN

照片 4　蓝藻类

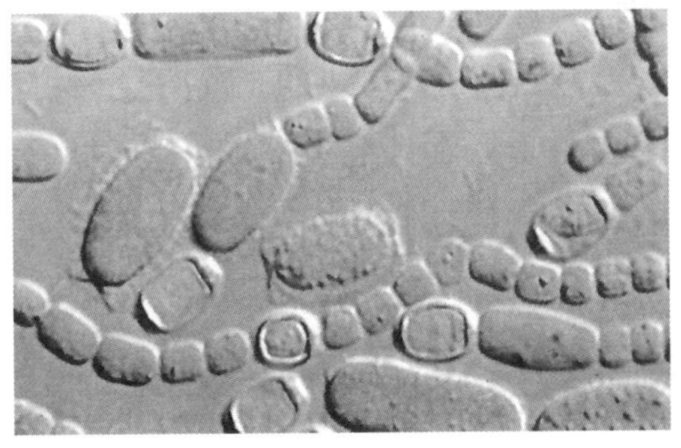

蓝藻类（蓝藻菌）是地球上最先出现的生物之一。它们是一种原始的原核生物，通过光合作用产生氧气，因它们的出现地球大气才得以积蓄到氧气。

“原始汤”孕育了生命?

20世纪20年代，世界著名的英国生物化学家J.B.S.霍尔丹（后迁居印度，照片5）和苏联科学家亚历山大·伊万诺维奇·奥巴林（照片6）分别提出了同样的观点，他们认为在宇宙空间或地球的大气中包含构成地球生命的主要成分，碳元素、氮元素、氢元素和氧元素等，这些分子倾泻到了远古地球的表面，随后积蓄在地表的分子因暴露在辐射、火山活动或雷电等的能量之下，相互间发生反应产生了各色各样的分子结构。

照片5 J.B.S.霍尔丹

他还是著名生理学家、遗传学家。他创立了群体遗传学理论，对几乎整个20世纪的遗传学和进化理论做出了卓越贡献。

照片 6　亚历山大·伊万诺维奇·奥巴林

苏联生物化学家。他从化学角度提出了对地球生命起源的看法，他认为最原始的生命是从原始汤里诞生的，并在无氧环境中生长。

根据霍尔丹假说，这些有机分子大量融入大海，从而导致“原始海洋的密度达到了稀薄的热汤的程度”。尤其是在海水较浅的内海和礁湖，随着水被太阳光加热而蒸发，“汤水”逐渐浓缩。接着这含有有机物的“汤水”（原始汤）被搅拌，在发生各种化学反应的过程中，诞生了极其简单的原始生物。

1952 年，加利福尼亚大学的哈罗德·克莱顿·尤里和他研究室里的研究生史丹利·米勒验证了奥巴林 – 霍尔丹假说。他们对烧瓶内模拟原始地球大气成分的气体放电后，发现产生了各种各样的有机物（图 2）。甚至在烧瓶产生的有机分子中还找到了作为生命物质基础的氨基酸。

在这次试验中，密封在烧瓶里的是由氨气、氢气等组成的还原

图 2　米勒的试验

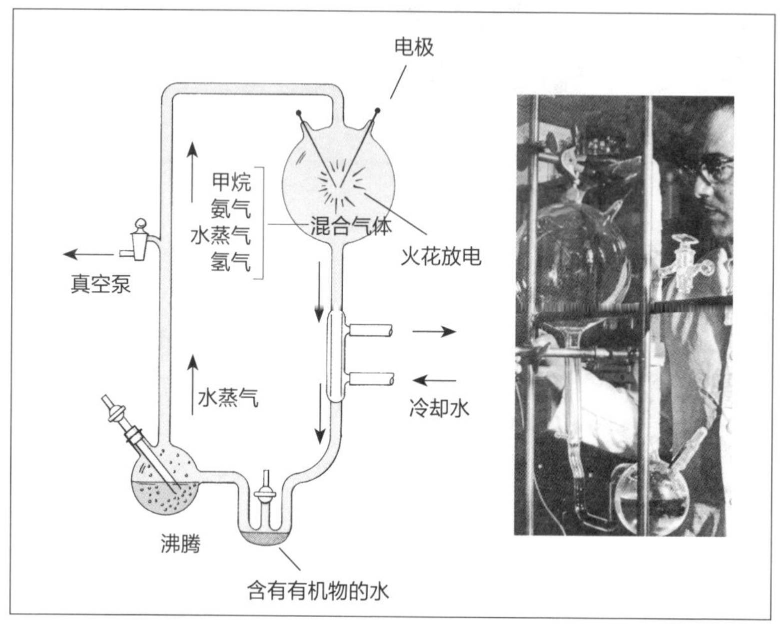

米勒用玻璃管连接了两个烧瓶，上方的烧瓶中密封着甲烷、氨气和氢气的混合气体，下方的烧瓶中注入水并进行加热。这里的混合气体模拟了原始地球的大气，水模拟了海洋，加热产生的水蒸气模拟了火山活动。

性气体㊀。但后来被认为原始地球的大气成分并非还原性气体，而是以二氧化碳等为主的氧化性气体。在氧化性的大气中，即使对它进行放电或紫外线等的能量传递，也不太会产生有机物。但是如果是带有超高能量的宇宙射线的话，从氧化性大气中就能产生有机物。另外，位于深海底部的海底热泉（照片 7）里也存在还原性气体环境，

㊀ **还原性气体**

像这里的氨气、甲烷和氢气那样的气体，属于能和氧发生反应的气体。与之相对，如二氧化碳或二氧化氮等已经和氧结合在一起的气体则称作氧化性气体。

照片 7　海底热泉

深海底部的海底热泉和生活在那里的管状蠕虫。

照片来源：伍兹霍尔海洋研究所 (Woods Hole Oceanographic Inst.)

因为溶解了的金属起到了催化剂的作用，所以如今仍在不断产生具有生命物质基础的材料。

总之，奥巴林－霍尔丹假说的一小部分得到了证明。但之前的问题仍然存在。他们认为在这种环境下产生的有机物在聚集起来相互发生反应时，会在不知不觉中复制自己，具备了作为生命体的特征。但就算存在大量的生命材料，它们只靠着相互结合、发生化学反应，真的会从中诞生生命吗？

复杂的分子聚集起来也无法诞生生命？

我们现在所看到的维持生物生命活动的基本系统极其复杂。要进行各种生命活动基本上都需要用到蛋白质，也就是说无论是从物质中提取出必要的能量或生成自身的器官，还是要把这些能量分配到身体需要的部位，所有生命活动的过程都有蛋白质的参与。基于这一点，有的科学家认为仅凭聚集了各种各样的蛋白质，生命活动就会开始。

但是就算只需蛋白质就能诞生那样的系统，也只能维持一次，一旦某个环节被破坏，那个假设的“生命体”就会结束。生命要作为生命而存在，无论如何都必须复制自身，即繁衍后代。

因此任何生物都存在保存自身身体信息的基因（图 3）。生物的基因是长长的 DNA 分子上携带遗传信息的区段。比如在人类的身体里，一个细胞内就弯弯曲曲地缠绕、容纳着 2 米多长的 DNA。遗传信息以碱基序列的形式储存在 DNA 分子中。当体内需

图 3 基因

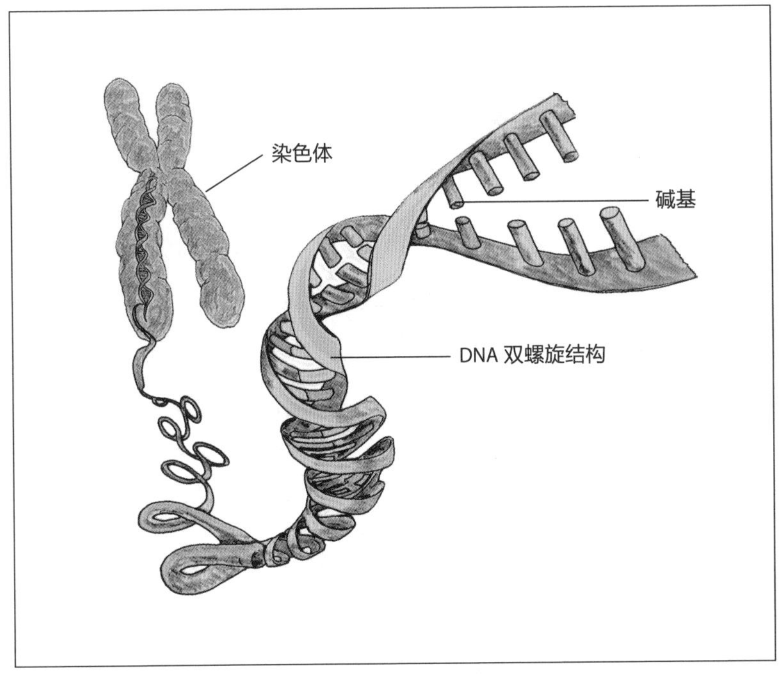

基因通过 DNA 复制把遗传信息传递给下一代。遗传信息以碱基序列（4 种碱基的排列组合）的形式储存在 DNA 分子中，但这种巧妙的机制是什么时候、怎样形成的呢？

图片来源：矢泽科学办公室（Yazawa Science Office）

要合成某种蛋白质时，RNA 就会从 DNA 上复制必要的遗传信息，然后参考该信息协同其他 RNA 一起合成该蛋白质。

所以现在的生物都必须有 DNA、蛋白质以及作为中介的 RNA 才能生存下去。如果说这三种复杂的分子相互协调的生命系统只需要有机物聚集起来就能自然生成，是怎么也无法让人信服的。

生命是从宇宙中来的吗?

因此，英国天文学家弗雷德·霍伊尔等科学家认为，地球上在“短短的数亿年”间不可能通过被混杂搅拌的物质进行无序的结合来产生生命，故而主张“地球生命是从宇宙中来的”。

这个假说被称为“宇宙胚种论”，是由赫尔曼·里希特在19世纪首次提出，在20世纪初由瑞典物理化学家斯万特·阿列纽斯进一步推进发展的观点。根据里希特的论述，生命随陨石在宇宙空间里旅行，从一颗行星到另一颗行星，更从一个行星系到另一个行星系。所谓宇宙胚种，就是指来自宇宙的生命的种子。

提起生命是从宇宙中来的这种说法，也许有人会觉得这不就是科幻小说里的情节吗？但多数科学家并不认为这是无稽之谈。因为确实在有些岩石内部含有地球生命可以使用的各种有机物，而且漂浮在宇宙中的星际分子中也含有相当多的有机分子。被叫作“脏雪球”的由冰尘组成的彗核（彗星的核心部分，照片8）中也发现了大量有机物。

另外，科学家们也通过试验验证了生命体能忍受辐射或在几乎没有空气且极低温的世界里生存并延续。

而且1996年在火星陨石中发现了类似微生物化石的结构体（照片9）。这个结构体虽然在后来被认为也许并非微生物，但陨石（照片10）在生命诞生过程中起到了重要作用这一看法即使到现照片 8　生命的搬运工？

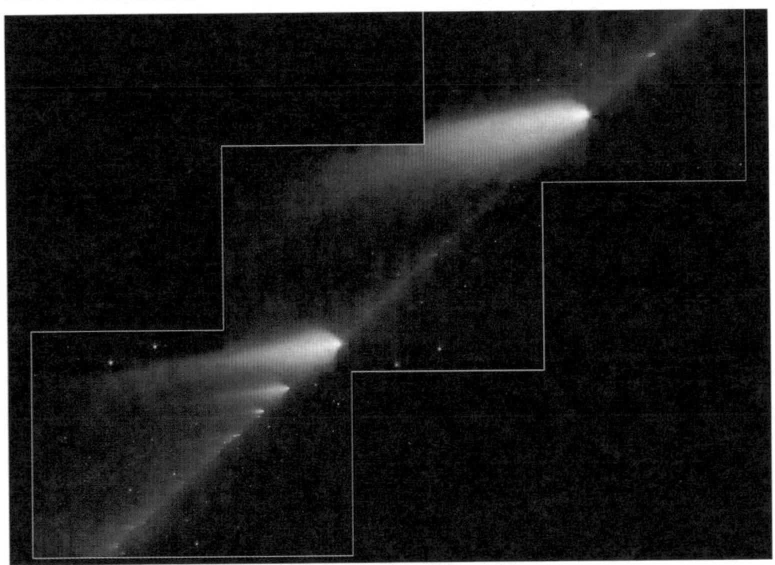

如今仍有相当一部分科学家认为生命并非诞生于地球，而是由陨石或者彗星从外太空送来的“生命的种子”（宇宙胚种）演化而来的。照片中的施瓦斯曼 - 瓦赫曼 3 号彗星是否也正在运送生命的萌芽呢？

照片来源：美国国家航空航天局（NASA）/ 喷气推进实验室 – 加州理工学院（JPL-Caltech）

乔托号彗星探测器近距离拍摄到的哈雷彗星。

照片来源：欧洲航天局（ESA）

照片 9　来自火星的微生物?

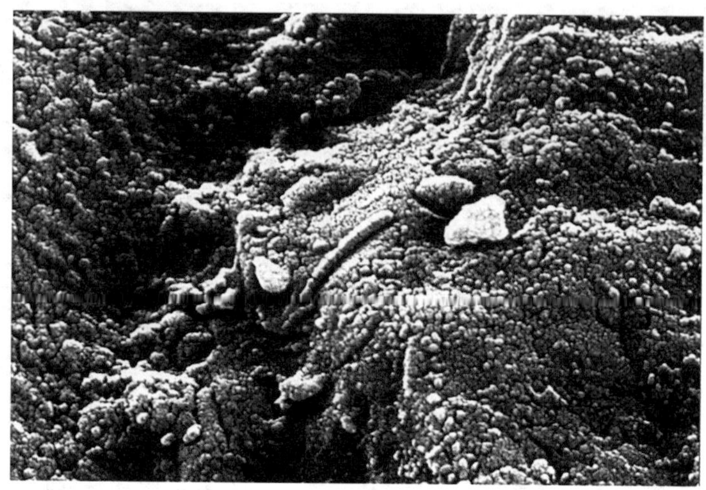

在火星陨石中发现的类似微生物化石的结构体。

照片来源：美国国家航空航天局（NASA）

照片 10　陨石

在南极大陆的冰层中发现的陨石。曾经有无数这样的陨石落到原始地球上。

照片来源：美国国家航空航天局（NASA）

在也仍得到科学家们的认可。陨石不但含有有机物，而且当它们撞击地球时，陨石中的物质和地球表面的物质发生化学作用从而产生生命物质基础材料的可能性也不小。

DNA 双螺旋结构的发现者，诺贝尔奖获得者弗朗西斯·克里克（照片 11）也在他的著作中提到，也许有某个在地球诞生以前就已经存在了的外星文明有意向宇宙空间播撒了生命种子。不过后来克里克承认之所以宣传这个理论是因为他希望“人们能对生命起源给予更多的关注”。

尽管如此，这个宇宙生命论也遭遇了和地球生命论同样的问题。无论哪个假说，都无法解释说明从物质到原始生命诞生的路径，即“化学演化”的具体过程。

照片 11　弗朗西斯·克里克

英国生物学家。他发现了 DNA 的双螺旋结构，并在 1953 年和詹姆斯·杜威·沃森一起获得了诺贝尔奖。

照片来源：霍尔斯·海因茨 / 矢泽科学办公室（Heinz Horeis/Yazawa Science Office）

“RNA 世界假说”出现

面对这样的情况，克里克和他的同事、科学家莱斯利·奥格尔，还有伊利诺斯大学的卡尔·乌斯携手提出了“RNA 世界假说”（图 4）。

图 4 RNA 世界假说

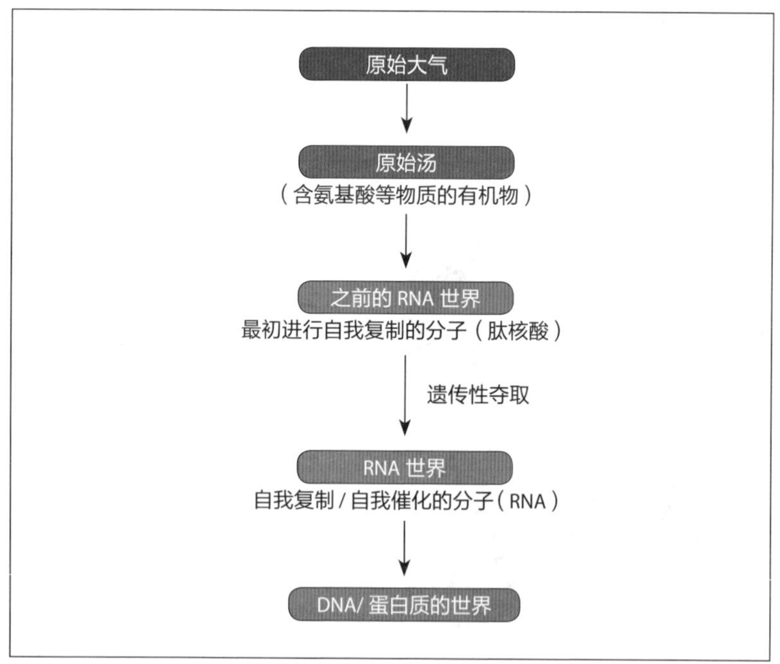

克里克等人在 20 世纪 90 年代进一步发展了 RNA 世界假说，主张 RNA 会夺取诞生在地球上的结构更为简单的、会自我复制的分子。

他们主张地球上最原始的遗传物质并非地球上所有生命体正在作为基因使用的DNA，而很可能是RNA。

如果认为DNA从一开始就是遗传物质，那么生命发展的历程就会立马撞墙。而且DNA如果缺少了作为酶来使用的蛋白质，它自身就不会存在。而指导合成蛋白质的信息又是储存在DNA上的。那么到底谁先谁后呢？是蛋白质，还是DNA？

克里克等人发现把DNA考虑成最原始的基因会显得牵强附会。因此应该把侧重点放在RNA上。

在现存的生命体中，RNA起码有三个作用。第一是转录DNA信息，第二是提供蛋白质合成场所，第三是转运作为蛋白质合成原料的氨基酸。

像RNA这样的“万能分子”也许还拥有别的能力。比如假设它能和蛋白质一样起到像酶一样的作用，那么物质与生命间就有可能不是蛋白质而是由RNA作为酶来起作用，即不是DNA，而是由RNA作为基因来产生生命。如此一来，RNA在这存在各种相互作用的世界里也许就开始了生命基本特征之一的“自我复制”。

这就意味着世界是由RNA产生的，但是被称为“RNA世界假说”的理论，在刚开始时并没有证据来支持它。

到了20世纪80年代，美国生物化学家托马斯·切赫发现某种RNA的分子真的在担任着酶的工作。这个物质叫作“核糖核酸酶”（图5），它的名称是把RNA（核糖核酸）和酶合起来命名的。

凭借着核糖核酸酶的发现，RNA世界假说一举占据了生命起源学说的主要地位。切赫也因此获得了1989年的诺贝尔奖。

图 5　核糖核酸酶的想象图

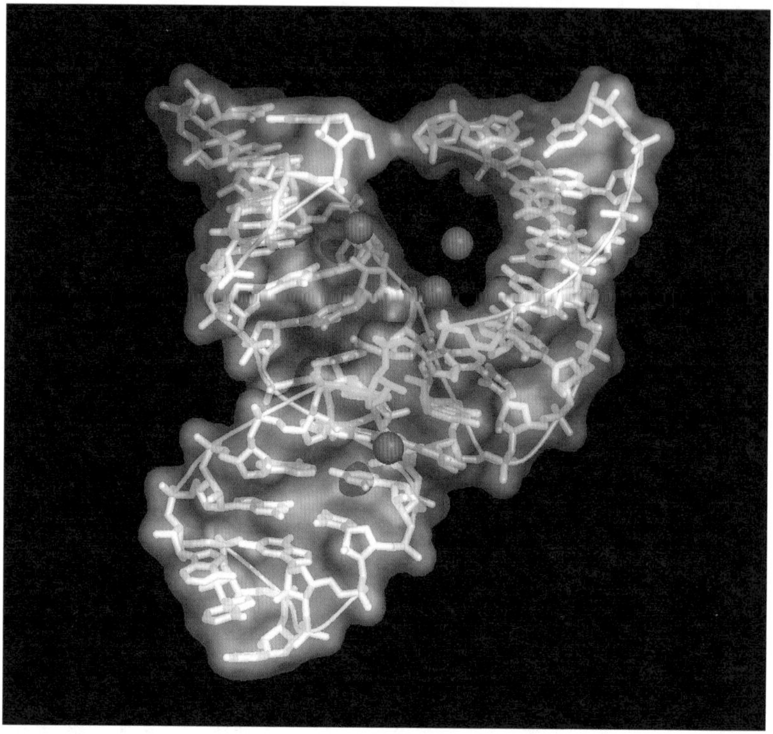

在 RNA 里也有起到活体反应催化剂作用的核糖核酸酶。核糖核酸酶的发现，给主张 RNA 在生命诞生过程中发挥了重要作用的 RNA 世界假说提供了一个证据。

照片：Kalju Kahn

RNA 世界所面对的难题

尽管 RNA 世界假说得到了证据，但生命起源之谜并未就此解开。很快 RNA 世界假说也碰壁了。科学家们根据试验发现，在原始汤中即使偶然生成作为 RNA 原料的分子，只要没有蛋白质构成的酶就只能生成极其简单的 RNA 分子。

真正能形成生命的 RNA 有 4 种碱基（A：腺嘌呤，G：鸟嘌呤，C: 胞嘧啶，U：尿嘧啶）作为信息载体来使用。作为蛋白质合成原料的氨基酸的信息就是以这些碱基序列的方式储存在 DNA 或 RNA 中的。

但是在通过 RNA 的酶来使 RNA 原料合成的试验中，无论尝试多少次，也只能生成只有一种碱基且链极短的 RNA。这样的 RNA 无法制作遗传信息，即使能发生自我复制，这种没有遗传信息的物质也不能称之为生命。另外还发现，一部分 RNA 原料的分子并不能从一直以来设想的那种原始汤中产生。

不过也有观点认为这些并不是最主要的问题。因为我们并不清楚刚诞生的地球到底是个怎样的环境。如果那里有一些现在我们并不知道的因素的话，也许能很容易产生 RNA 原料的分子。

要怎样克服 RNA 世界的难题

于是科学家们开始探讨在地球上怎样才能自然地发生自我复制。有些观点认为第一个开始自我复制的是一种和 RNA 非常相似但却很容易生成同时又很难破坏的分子，而有些观点则认为是某一种蛋白质变异成了基因。

其他的研究者们还认为 RNA 世界中应该还存在把产生 RNA 的原料接合到一起的类似催化剂的物质，并且致力于找到这类物质的潜在对象。

另一方面，德国的诺贝尔化学奖获得者曼弗雷德·艾根（照片12）想到了 RNA 的短链向带有复杂信息的长链进化的过程。根据他的猜想，RNA 分子不是自己复制自己，而是帮助其他的 RNA 分子进行复制，这样 RNA 分子迟早会趋于稳定并且数量也会增多。接着 RNA 在复制过程中时不时发生“突变”，导致其分子上所持有的信息量也不断增多。

与之相对，也有人埋头于从和 RNA 世界假说完全不同的角度来尝试解决这个问题。比如提倡“黏土假说”（图 6）的英国化学家 A. G. 凯恩斯－史密斯（A.G.Cairns–Smith）。这一被其他科学家们认为是异类的假说在近几年因和 RNA 世界假说相结合而逐渐崭露头角。

照片 12 曼弗雷德·艾根

通过观察研究高速化学反应获得了 1967 年诺贝尔化学奖。

照片来源：马克斯·普朗克研究所（Max-Planck Inst）/ 矢泽科学办公室（Yazawa Science Office）

图 6　黏土假说

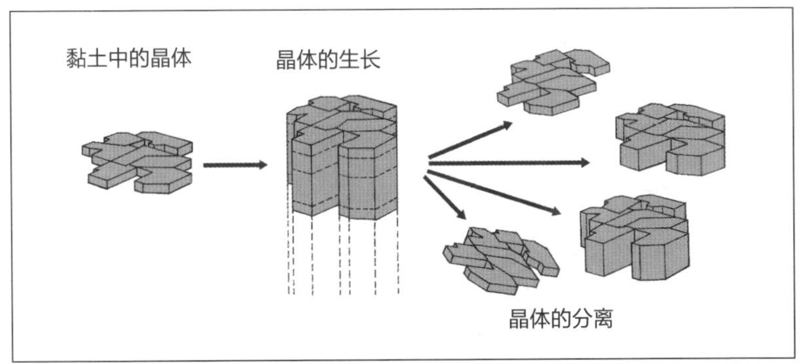

黏土矿物中的晶体即使经历了生长或分离等过程，其所持有的信息还是会如基因一般维持不变。“刻”在黏土矿物表面的最原始的信息就是这样代代相传，最终向着生命诞生发展的吗？

资料来源：A. G. 凯恩斯 – 史密斯（A.G.Cairns-Smith）

RNA 的链夺取了黏土的基因

凯恩斯 – 史密斯是以生命应该源自于极其简单的物质这一观点作为前提开始研究这个问题的。比如晶体能仅凭一己之力实现自然生长这一现象所包含的意义就非常适用于这个前提。所以他猜想会不会晶体才是“最原始的生命体”呢？

尤其是黏土矿物的晶体能长成各种形状，并保持着那些形状相关的信息继续不断生长。即便晶体分成两块，也会各自带着同样的信息继续生长。而且会像生命体一样发生“突变”。也就是说，一旦晶体中的缺陷——比如晶体格子排列错位——作为一种突变发生，晶体会保持着这个缺陷继续生长下去。

晶体确实会复制自身。但仅凭这一点似乎并不能就把它称为生命体。

于是凯恩斯－史密斯想到，如果在黏土的四周有一种极其简单的有机分子，这些有机分子就应该会和黏土中的晶体相互发生作用，由此他描述了以下这个生命起源的版本。

这些有机分子在黏土的四周形成一层膜，既起到了保护黏土的作用，还通过调节黏土的柔软度或改变黏土的某些性质间接地帮助了黏土中的晶体进行复制。由于黏土具有催化剂的特性，依附在黏土表面的有机分子有时也会与黏土发生反应而成长为蛋白质或者RNA。

这种类似 RNA 的复杂分子一旦得以产生，它们又会调节水分或物质的浓度来帮助黏土中的晶体进行复制。到这里，可以说 RNA 和晶体之间形成了一种“共生关系”。

接着，和黏土中的晶体共同开始生长的 RNA 终于能像黏土中的晶体一样进行自我复制，出现了“原始生命体”的身影。一旦获得了把 RNA 作为基因的第二套复制系统，易溶解且脆弱的黏土晶体就已经不再被需要。黏土晶体便被丢弃，RNA 夺取了黏土的遗传系统作为有机生命体开始进一步发展——这就是黏土假说。

物质的“左手和右手”

有一个支持 RNA 进行了这种基因夺取的间接证据，就是生命体的分子都具有“方向性”。比如某种有机分子虽然乍看之下无论是原料还是化学性质等都是完全相同的，但若进一步仔细观察就会发现它们就像我们的左手和右手一样，是对称的但却是两种不同的结构。因此就好比我们的左手和右手，或者像镜子中的自己那样，无论怎么旋转或翻转都不会是完全相同的。

这种类似“左手和右手”的分子在普通的物质中两者各占一半，但在生物中并不是这样的。生物在产生蛋白质的时候只使用L型（左型）氨基酸，而在产生糖类时只使用D型（右型）氨基酸（图7）。

根据试验发现，从黏土中起源的生命体非常容易获得这种“方向性”。比如在糖类中，生命体使用右型氨基酸比左型氨基酸更容易依附到黏土上。而且右型氨基酸的糖类更容易和左型氨基酸结合到一起。总之，黏土假说能很顺利地解释为什么有机分子具有方向性。

图7　氨基酸

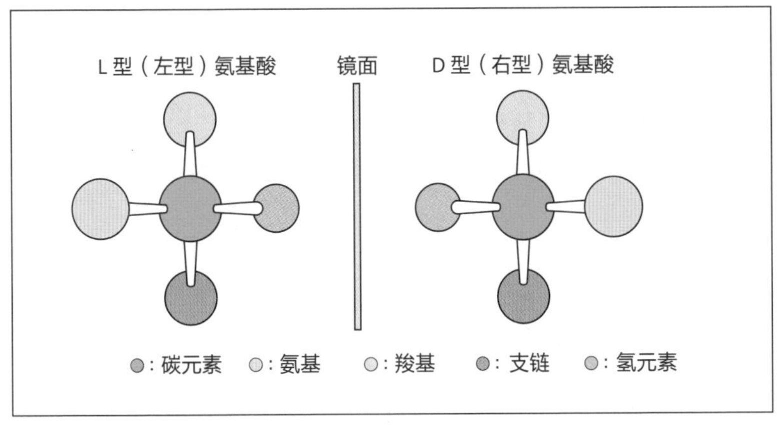

生命体在产生蛋白质时会使用氨基酸分子，在该分子中有像左右手那样的方向性。黏土假说可以很顺利地解释为什么生物只利用L型（左型）氨基酸。

RNA 在黏土上增殖

有一种情况也许能证实黏土中的矿物在生命诞生的过程中占有一席之地，那就是黏土中的矿物会协助 RNA 进行复制。

比如说有一种叫作膨润土的黏土矿物。它会扩大以 RNA 作为遗传物质的病毒的感染范围。这个事实也许就代表着处在黏土中的 RNA 会自然增殖。

另外，在最近的一项试验中，发现膨润土的主要成分蒙脱石会使 RNA 的构成成分结合到一起。据称，散在各处的 RNA 的构成成分靠着蒙脱石最终会延伸 30 到 50 个链。科学家们还发现，这种在黏土矿物中最小的、由尺寸等同于病毒的粒子构成的矿物除了能帮助 RNA 的构成成分相互结合，还能在有机分子间的各种化学反应中起到催化剂的作用。

膨润土是由火山灰形成的黏土矿物。这种物质在火山活动频繁的地球形成初期大量存在。从这一点来看，要说在原始地球上黏土矿物对生命诞生起到决定性的作用也并非天方夜谭。

黏土粒子是产生生命的“试管”

目前住在以色列的俄罗斯籍科学家马克·鲁希洛夫（音译）等人也提到黏土矿物，尤其是膨润土这样的小粒子很适合作为生命产生的场所。他认为，由于黏土粒子内部为层状结构，因此在这样的结构中存在极其狭小的空间。如果有含有有机物的“原始汤”流进这些空间里的话，原本就带有催化剂作用的黏土粒子的空间就能成为让各种分子发生化学反应的“试管”。

而且黏土粒子内的水分因高温而蒸发的话，还能使分子的浓度变高从而加速反应进程。另外，因为粒子内部的水本来就少，所以在水中容易被破坏的分子（RNA 等）也能保持稳定。就这样，黏土粒子内部生成了蛋白质或 RNA，并在外部也形成有机分子的薄膜，这些物质不知不觉进化成了最原始的生命。因为据推测，在地球初期阶段形成“原始汤”的浅滩或岸边似乎确实存在大量黏土粒子，所以这个版本的假说很容易让人信服。

尽管如此，仍有很多谜团没有解开。就算 RNA 的构成成分凭借黏土的作用顺理成章地连接到了一起，但这些构成成分本身是怎么产生的呢？而 RNA 又是什么时候通过怎样的方式开始合成蛋白质的呢？遗传密码又是怎样演化过来的呢？还有 RNA 是什么时候被 DNA 取代的？对于这些问题的研究才刚刚开始。

地外生命能解释地球生物的起源吗？

现今阶段，要从最新的科学观点毫无矛盾地描绘出生命的诞生历程仍很困难。而且不存在矛盾的假说也未必就是正确的理论。因为无论哪种假说，都找不到能证明它的直接证据。

而且现在地球上既没有发现连接物质与生命的“过渡阶段的

生命”，也不太可能发现化石方面的证据。所以，能成为解开生命起源之谜的最重要的证据也许就是我们这些生存在这里的生物了吧。

如今，为了探索生命的起源，全世界的科学家们都在致力于各种各样的试验。但即便能在试管中诞生生命，也不能证明生命在远古地球上实际也是以同样进程诞生的。因为“生命的诞生方式”不止一种。

另外还有一个问题，可能会给这个根源性的问题带来启发，那就是对其他行星的探索。到目前为止，探索火星还没能找到生命的征兆。科学家们认为是由于海盗号探测器的着陆地点不太适合进行生命探索（那些地方不存在生命必需的水）或者在现场进行的生命探测试验做得不适当导致的。

但是，最近在火星别的地点发现了水流痕迹（照片 13）。另外，还从火星陨石中发现了类似化石的有机化合物。因此，仍有很大的可能会找到火星生命——不是章鱼型的火星人而是微生物——或者它们的化石。2007 年 8 月，美国国家航空航天局（NASA）的凤凰号火星探测器从地球出发，2008 年 5 月在火星的北极地区着陆，尝试寻找水的存在。此外，科学家们发现木星的卫星木卫二和土星的卫星土卫六（照片 14）似乎也具备生命体生存的环境条件。

也有可能在生命历史的开端就诞生了各种各样的生命体。那么如今所有生存在地球上的生物，就都是那些最初的生命体在几亿年甚至几十亿年的时间长河中经过不断进行自然选择而生存延续下来的“最适合的生命体”的子孙后代了。不管怎么说，包含我们人类在内的地球生命，在宇宙演化历史里的某个时期诞生在了这浩瀚宇宙的某个地方，这一事实是没有争议的。

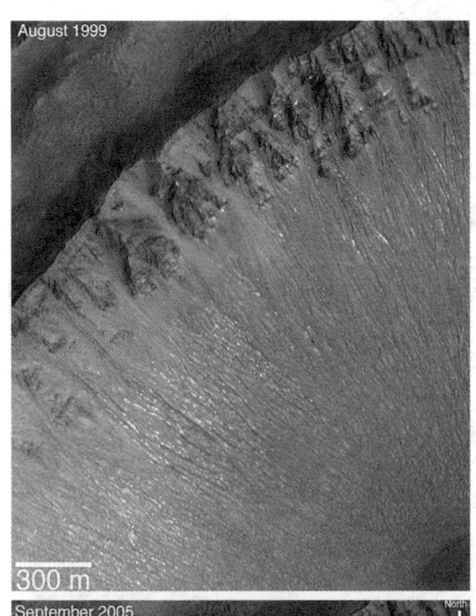

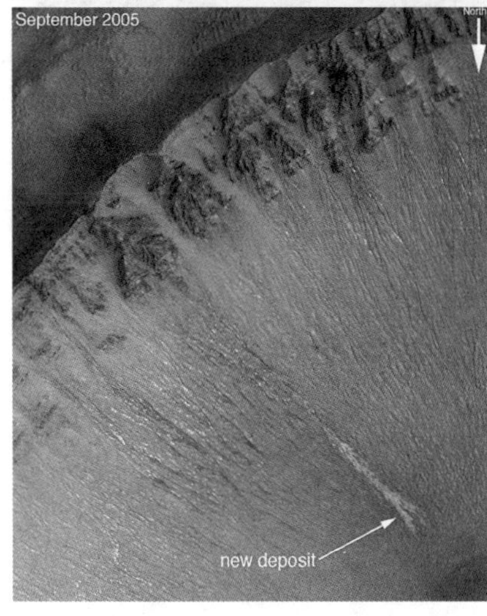

照片 13　火星上的水流痕迹
在火星的环形山口观测到的水流痕迹。在 2005 年拍摄的照片（下）中，有上边（1999 年拍摄）的照片中没有出现的痕迹。
照片来源：火星全球勘测者号（Mars Global Surveyor）/ 美国国家航空航天局（NASA）

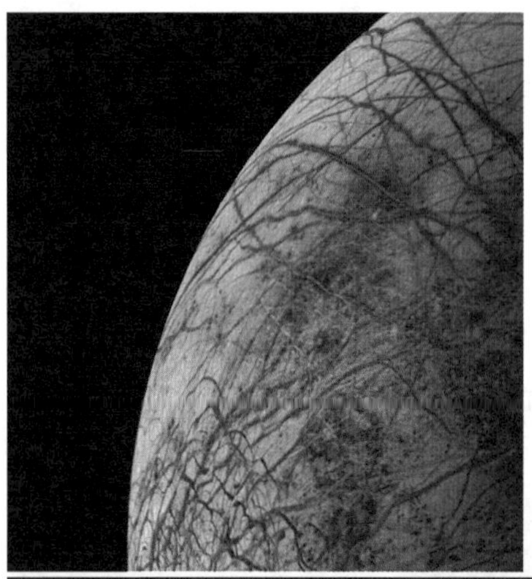

照片 14　木卫二和土卫六

木星的卫星木卫二（上方照片）上存在大量的液态水和稀薄的大气层。另外，土星卫星土卫六（下方插图）上有稠密的大气层以及很可能是由沼气组成的海洋。因为这些卫星上有可能孕育着生命，所以科学家们正在计划通过探测器来进行调查。

照片 / 插图来源：美国国家航空航天局（NASA）/ 喷气推进实验室（JPL）

Part 2

物种之始

所谓物种，是指能相互繁殖、享有一个共同基因库的一群个体。当代地球生物的物种已经达到了数百万到一千万之多。究竟为什么从共同的始祖生物中会诞生出如此多样化的物种呢？解开物种起源之谜对于很多生物学家来说是最大的研究课题，对于我们来说也一直是最关心的问题。

Part 2 物种之始

长野敬

生物的“物种”是怎样形成的?

恩培多克勒的生物起源论

谁都知道生物体拥有远比路边的石头更为复杂的机制。日语中的“生物体”一词来源于英语的“organism”，它的意思是指有机物，所以这个词给人满满的复杂感。

地球上“物种”的数量在笔者中学时期，学校里教的是100万种。但到目前为止，科学家们提出的数字是200万或300万种。甚至还有研究者给出的数量比这些数字要整整多一位数，他们认为有超过1000万种以上。

但无论哪种说法，给人的感觉都是多得数不清。可100万也好1000万也好，真的是多得数不清的数量吗?

让我们假设有五种形状各异的乐高积木块，它们可以相互组合。另外它们的颜色也各有五种，分别为红色、蓝色、黄色、绿色和白色。任意挑选五个积木块连到一起，就会产生不同形状和颜色的组合。所有这些组合加起来会有多少种呢?

凭我们的直觉，也许会觉得积木块只有五种颜色五种形状，不可能组合出太多的种类，那么让我们先来计算一下（假设可以重复使用同一种积木块）。

$$(5\times5)^5=9765625$$

这个数字接近1000万。但我们实在没有听说过这种创世神话。爱因斯坦说过“上帝不掷骰子”㊀，而上帝这边也确实并没有玩过骰子的痕迹。

在A种和B种两种生物的差异中，会存在更加多样化的因素，使其相互之间具有复杂微妙的不同。这和通过概率计算就能简单得到答案的问题有质的区别。接下来我们要介绍的是由古希腊哲学家恩培多克勒（图1）提出的“生物起源论”。

恩培多克勒认为，很久以前，在世界刚刚形成的时候，只有很多动物手脚和躯干等散落在各处。因为它们胡乱组合，导致出现了不少头上长着手脚或者牛头人身的不合格产品。但在极其偶然的情况下也诞生出了正确的组合，这样的合格产品生存延续下去演化成了如今的生物世界——残存下来的古书中的片段中差不多就是这样描述的。

这与其说是他的生物学，不如说是他哲学观点的一部分，即“适者生存”。

但如果把这个观点放到进化论的先驱理论位置上，那就不太合

㊀ 上帝不掷骰子

这是爱因斯坦在批评对量子力学的随机性方面的解释（在原子世界中各种现象都是随机决定的）时说的。他认为在微观现象的背后隐藏着未知的变量，出现一定概率的偶然性只是未知变量导致的结果，并且终生都坚持这个观点。

图1 恩培多克勒
古希腊哲学家。他认为世间万物是由火、水、土、空气这四种物质混合构成，其中还有爱和厌恶两种相反的力量发生作用使万物聚合分离。

适了。根据恩培多克勒的哲学观点，形成世界的两大基础是爱和厌恶，爱是吸引，厌恶（憎恨）是相互排斥。虽然作为世界基础的爱和现代爱情剧里的爱并无不同之处，但在他提出的这种爱中也是包含一些正确的观点的。

在古希腊哲学家奇特的回答中找到错误是很简单的。但是各色各样的物种是如何演化而来的呢？重新回到物种起源的问题上，要给出答案并不容易。

曾统治生物学的“创世说”

有一个关于这个问题的解答曾对世界产生了长期的影响，即西欧基督教提出的创世说。近代生物学也是在西欧发展起来的。创世说主张“所有的物种都是由造物主（神）分别创造的”，这一基督教的起源说被直接引入生物学，直到 19 世纪都占据着统治地位。这个理论被称为“特殊创世说”（specific creationism）。词典中对“specific”一词的解释为“特别”或者“特殊”，但该词在生物学中也有“物种（species）”的意思。因此如果把这个主张各个物种是被分别创造出来的理论翻译为“各个物种的创世说”，也许更为准确。

近代植物分类学的奠基人卡尔·冯·林奈（照片 1）也认为所有的物种在最初都是被分别创造出来的，之后便没再发生本质性的变化。但由于林奈是位博物学家，因此他同时也留意到了一个事实，就是同一物种中不但个体相互间存在差异（变异），不同物种间还

照片 1　卡尔·冯·林奈
瑞典生物学家，博物学家。他首次提出将生物分为动物和植物两类，并且整理出了按种、属、目、纲的阶梯式结构进行分类的方法，为今天的分类系统奠定了基础。

会产生交集。

这一事实和“物种不变”的概念相矛盾。所以他承认万物被创造出来后在一定的范围内会产生差异或不稳定的现象。但被称为杂交种的生物却越过了这个物种中的不稳定现象的范围。这是违反物种创造规则的不正常的组合，因此即使杂交动物本身得以降生下来，但无法延续后代（在实际生活中，马和驴的杂交种——骡子是没有繁殖能力的）。

即便如此，一旦考虑到繁殖学家在同物种内培育出的、甚至经过人工选择培育出的那么多的“怪物”型生物，就会发现物种固定不变的主张存在不合理的部分。查尔斯·达尔文也在他举世闻名的著作《物种起源》（*On the Origin of Species*）的第一章里就首先提到了这样的人工选择，并从这个话题过渡到他自己思考的“自然选择”的话题上（照片 2，3）。

照片 2　查尔斯·达尔文

英国生物学家、进化论的奠基人。他在 1831 年搭乘贝格尔号军舰参加了环球考察，对南半球各地动植物的多样性和地质情况进行了观察。5 年后他确信了“物种是会变化的”后回国，之后便提出了适应环境的个体比不适应环境的个体更能够生存下去这一自然选择理论，并于 1859 年出版了《物种起源》一书。据说达尔文对自己的评价是“像一台能从大量事实中归纳出一般规律的机器一样的人”。

ON

THE ORIGIN OF SPECIES

BY MEANS OF NATURAL SELECTION,

OR THE

PRESERVATION OF FAVOURED RACES IN THE STRUGGLE FOR LIFE.

BY CHARLES DARWIN, M.A.,

FELLOW OF THE ROYAL, GEOLOGICAL, LINNÆAN, ETC., SOCIETIES;
AUTHOR OF 'JOURNAL OF RESEARCHES DURING H. M. S. BEAGLE'S VOYAGE ROUND THE WORLD.'

LONDON:
JOHN MURRAY, ALBEMARLE STREET.
1859.

The right of Translation is reserved.

照片 3 《物种起源》

1859 年出版的《物种起源》（*On the Origin of Species*）一书的封面。

照片来源：美国华盛顿国会图书馆（Library of Congress, Washington）

根据自然选择的说法，物种在开始时是从少数——达尔文在他书的最后加上了一句“少数种类或者只有一个种类的生物”发展起来的，也就是说物种是在一点一点慢慢变化中演化出各个不同种类的。这种观点和长久以来正统虔诚的基督教的观点是直接冲突的。尤其是所有的生物都是从那“唯一一个物种”中演化而来的观点是威胁到人类的特殊地位的。

明治时期的日本人为什么会接受进化论?

然而世界上不但存在各种民族，而且存在着不同的文化和宗教。因此，我们可以从与基督教的创世说完全不同的角度来看待生命的多样性。

明治初期，美国生物学家爱德华·莫尔斯[1]来到日本宣传达尔文的进化论时，听众们都兴致盎然地听讲并接受了这一理论。莫尔斯因发现“日本人的理解能力极强”而非常高兴。虽然被人表扬会感觉很舒服，但其中多少应该是有对莫尔斯过于相信或者误会了他的意思的成分在里面的。

当时，古代印度佛教的轮回观（照片 4）变换了形式在日本扎根。日本人对于人和动物，甚至和植物之间存在因缘的说法并没有像西欧人那样抱有抵触情绪。这可能为顺利地接受同样包含人类的进化论打下了基础（不过在西欧的传说中也有大量从动物变化而来的说法，关于怎么看待这个情况就必须得咨询历史学家了）。

另外也有人把传统关于轮回的传说与罗伯特·科赫及路易·巴斯德所开创的微生物学联系到一起。芥川龙之介曾写过“据说佛决定了众生的来世转生。人类做了坏事来世就会转生为兽类。如果在那个未来作为兽类又做了坏事，大概就会变成鱼或什么的了。接着如果又做了什么坏事，下一世就会变成虫。那再次做了坏事会继续转生为什么呢？我想一定会变成细菌吧。那么在这之后又做了坏事的话，会进一步转生成什么呢？”（选自北村薰《六之宫公主》）。

他的这段文字里似乎透着幽默，但同时也弥漫着让人感觉不寒而栗的气息，可能是因为涉及“时间”回溯的内容。是的，因为他说的是一个反向追溯生命进化的故事。这是一个虽让人感觉恐惧却

---

[1] 爱德华·莫尔斯

美国动物学家。1877 年因在现今的东京都大田区的大森发现绳文时代的贝壳遗迹而闻名。

照片 4　来自古代印度佛教的轮回观

所谓轮回，就是指众生（在这世界上诞生的所有生物）像车轮持续转动一样永无止境地在三界六道中转生。从这个宿命中脱离出来就叫作解脱。倾向于相信轮回转世的日本人的想法就是由这个思想而来的。

照片来源：美国华盛顿国会图书馆（Library of Congress, Washington）

有现代化的构思的故事。

如果要续写这个故事，描述“做了坏事的细菌”的来世会怎么样呢？如果动用生物学常识来看，放在当今世界是不会写不出的（只是破坏了这个故事的文学性，有画蛇添足之嫌）。那个故事无非就是关于“生命的反向追溯”的。所以细菌大概就会再进一步转生成蛋白质或者是核酸了吧。

但在当时并不容易写出这样画蛇添足的故事。芥川龙之介在1927年去世，苏联的亚历山大·奥巴林在1923年左右首次发表了一篇关于生命起源的短篇论文。1928年，奥巴林的论文被整理出版成俄语版的图书，但翻译成英译本并得以广为流传则是在1938年后的事了。而他的著作《地球上生命的起源》在1941—1942年被翻译引进日本，并在第二次世界大战后广泛普及。

自然选择学说能说明“新物种”的出现吗？

《物种起源》中唯一的一幅插图

在达尔文的《物种起源》中几乎没有插图。只在第四章“自然选择”中出现了唯一一幅著名的插图（图2）。

在这幅图中，时间自下而上，平行线之间的间隔分别代表1000代或更多。这里的A~L代表某区域中一个大种类的物种，很明显，A物种在它所在的区域里分布广泛且繁殖出了许多变种（达尔文认为比起稀少且分布有限的物种，数量繁多且分布广的物种更容易发

图 2　物种的进化概念图

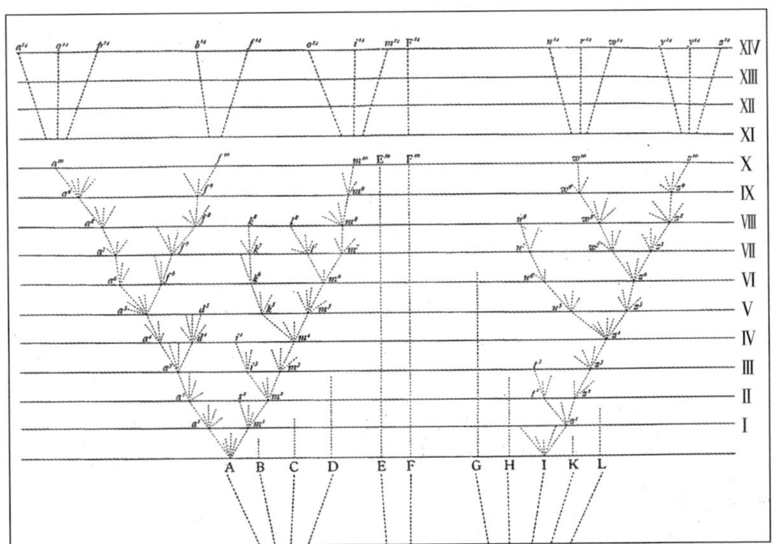

刊载在《物种起源》中的著名插图。从物种 A 分枝出来的嫡系中，只有适应环境的嫡系继续得以生存，物种逐渐发生进一步变化。

资料来源：查尔斯·达尔文，《物种起源》（C.Darwin, *On the Origin of Species*）

生变异。图 3）。

A 物种的 6 个分枝分别代表变异的后裔体系。和父辈一点点变得不同的子孙代代相传，在变异积聚的各个体系的最前端相互间拉开了距离。到了 1000 代以后，这些变异物种中只有能适应环境的后裔存活了下来（两侧的两条虚线），剩下的就灭绝了。随着这样的过程反复进行（朝着上方），物种继续逐渐发生变化，同时变种的数量也进一步增多（扇形扩张）。

要追问生命的起源，就要讨论能生产子孙后代的父辈，即能够进行自我增殖、独自繁衍下去的地表上最原始的生命系统是在什么

图 3 野猪和家猪

虽然野猪和家猪的外表非常不同，但从分类学的角度来看不过是同一物种的变种程度的差异。如果让家猪回归野生环境，它们很快就会变成野猪的样子。

资料来源：罗梅斯（Romanes），《达尔文及其后人们》（*Darwin and after Darwin*）

时候及怎样开始的。

而与之相对的物种起源的问题，则不是经过一次这样的过程就形成的物种简单地保持原样继续发展下去的问题，而是物种不断变化（物种 A →物种 A′）或种类数量增多（物种 A →物种 A+ 物种 B）的机制是怎样的问题。

物种发生变化或种类数量增多的过程在之前的图 2 中已经全部简单呈现了。但若要说这种过程的发生机制，以及推动这个机制的驱动力是什么，则无法从这张图中看出来。

当我们在看列车运行时刻表，尤其是高峰时刻表时，往往会看到这些表格上画着无数的、让人眼花缭乱的线。列车按照这些线纵横交错地行驶。但无论盯着这些线看多久，也无法分辨出驱动列车运动的是电动机还是内燃机。运行控制室里是怎样顺畅地调度指挥这些纵横交错的列车等相关信息也无法从这些表格中获取。我们看前述达尔文的图表也是与之类似的道理。

屎壳郎“失落的关节”

在达尔文思考的进化论的原型中非常重视作为其机制的自然选择。但并没有限于那个范围。其实就是让自己的理论更具有弹性，并且进化论中还留有很多意思不明确的论述。

比如书中会有类似这样的叙述：“一个生物的身体局部频繁使用的话会变得发达，而不使用就会逐渐退化”“这些变化不排除会有遗传的可能”等。

虽然这似乎就像拉马克提出的“用进废退说”，但实际上这只是《物种起源》中“变异法则”一章里的一段内容而已。达尔文在这一段举了很多实例。

比如有一群屎壳郎。这个名字因为有个“屎”字在里面可能会让人觉得很脏，但其实它的学名是蜣螂，屎壳郎是它的俗称（图 4）。

图 4 蜣螂

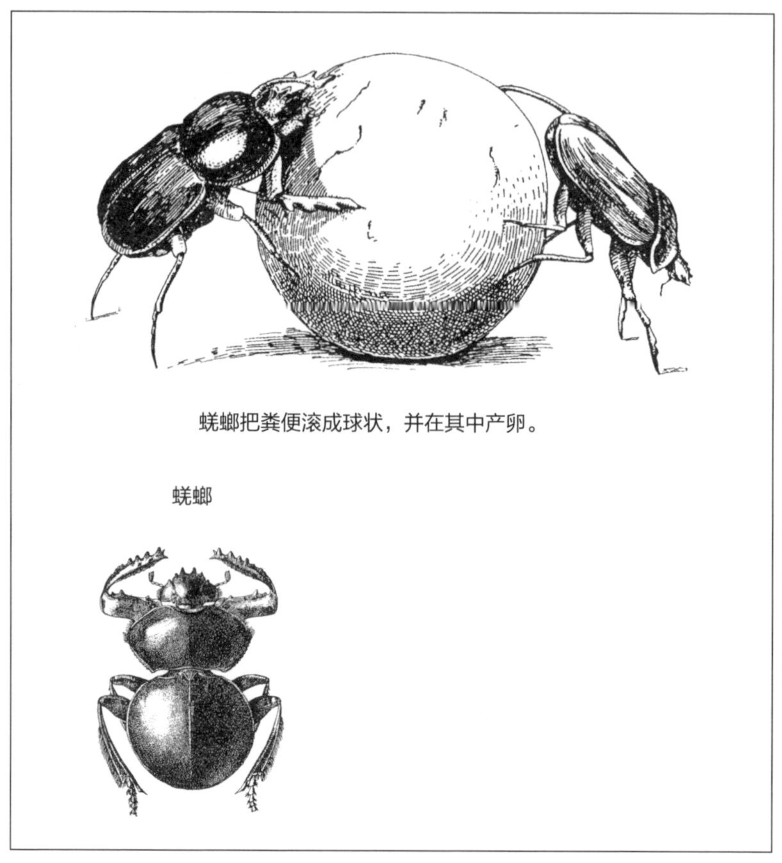

蜣螂俗称屎壳郎，有些蜣螂天生没有前足的最前端（跗节）。

资料来源：D.Sharp，《剑桥自然历史》（The Cambridge Natural History）

屎壳郎们拼命地滚动着粪球，为幼虫的寄宿和食物储藏做准备。因为这是重体力劳动，所以在作业时前足关节最前端的跗节对它们来说成了阻碍，于是有不少屎壳郎天生前足就没有跗节。

也许是因为它们的祖先每次劳作时被折断跗节的情况反复发

生，终于导致这个缺陷被纳入遗传性状中了吧。如果是这样的话，那就是“获得性状遗传”[一]了。

随后德国动物学家奥古斯特·魏斯曼在试验中反复切除老鼠的尾巴，观察这种特征是否会遗传给后代，但是却没有发生这种现象，于是他否定了获得性状遗传的说法。那么我们能说屎壳郎的情况是与该试验同类型的天然试验且获得成功的案例吗？

达尔文终究没有支持这种说法，而是认为这种现象是在不适用的过程中发生的“退化”。

“没有可信的证据表明前足折断这种现象会遗传。我宁可选择相信之所以有些蜣螂没有前足的跗节，而有些蜣螂有这样的痕迹特征，是因为它们的祖先长期不使用造成的。”（摘自《物种起源》）

关于获得性状遗传和用进废退说的关系有难以理解的地方，但无论怎么说，这肯定不是像达尔文所希望的那样从自然选择的角度来进行说明的。如果根据自然选择来说明的话，那大概会是下文这样吧。

“在刚诞生的幼虫中，偶然会出现跗节退化的个体。这些个体因为能更有效地进行推粪球的劳作，所以留下了更多的子孙后代，并逐渐在它们的群体中占据优势地位，最终天生跗节缺损就成了这个新物种群体的共同外形特征了。”

但笔者并不记得读过像这样对蜣螂前足这一具体实例进行断言

[一] **用进废退说和获得性状遗传**
1809年，法国动物学家让·巴蒂斯特·拉马克在他的《动物学哲学》一书中首次主张“物种是会变化的”。他提出了“用进废退说”，认为依据个体情况，重要的器官会变得发达，不重要的器官会退化，子孙后代也会继承这种变化（获得性状遗传）。

的“新达尔文学说”⊖的教科书。也许是因为这个例子太没有意义，所以谁都没想过要采用这个例子吧。也或者是觉得这个说明比较生硬所以不愿意采用到教科书中呢？对，就是生硬。而把自然选择和遗传学自然地结合在一起，才是新达尔文主义的基本方针。

不过在有些情况下，只用自然选择的说法是可以相当生动地解释清楚的。我们来看下面这个例子。在东京湾的垃圾处理场的梦之岛，苍蝇泛滥成灾，如果只是漫无目的地胡乱喷洒杀虫剂（DDT），就会出现对DDT的抗药性极强的“超级苍蝇”（图5）。

由于杀虫剂是比较简单的分子化合物，所以在其分子结构中只要有一处重要的连接断开就没有杀虫功效了。苍蝇体内有从祖先那里遗传到的酶，而这些酶里有可能潜藏着善于切断分子内部连接的酶。当苍蝇遇到DDT的时候，拥有这种酶的个体就会成为尤其有利于生存的群体。就凭这一点就会出现“超级苍蝇”了（除此以外也有发生诸如害虫或细菌对药剂产生抗药性的这种物种选择的案例）。

基因的本质是DNA，DNA经过翻译制造出蛋白质。蛋白质中多数是酶。所以可以认为酶促反应是和遗传信息直接对应的（实际上在翻译DNA中的信息前还有一个由DNA到RNA的转录过程，这里虽然省略了但故事没有区别）。

⊖ 新达尔文学说和统一理论（统一说）

新达尔文学说就是达尔文进化论的现代版，或者也叫现代进化论。达尔文进化论主张生物性状上的差异产生了生存能力上的有利和不利，并由它引起了自然选择。在这说法中再导入遗传学，即性状的差异是基因突变引起这一观点。这便是进化论和遗传学的统一理论。

图 5　由自然选择引发的进化

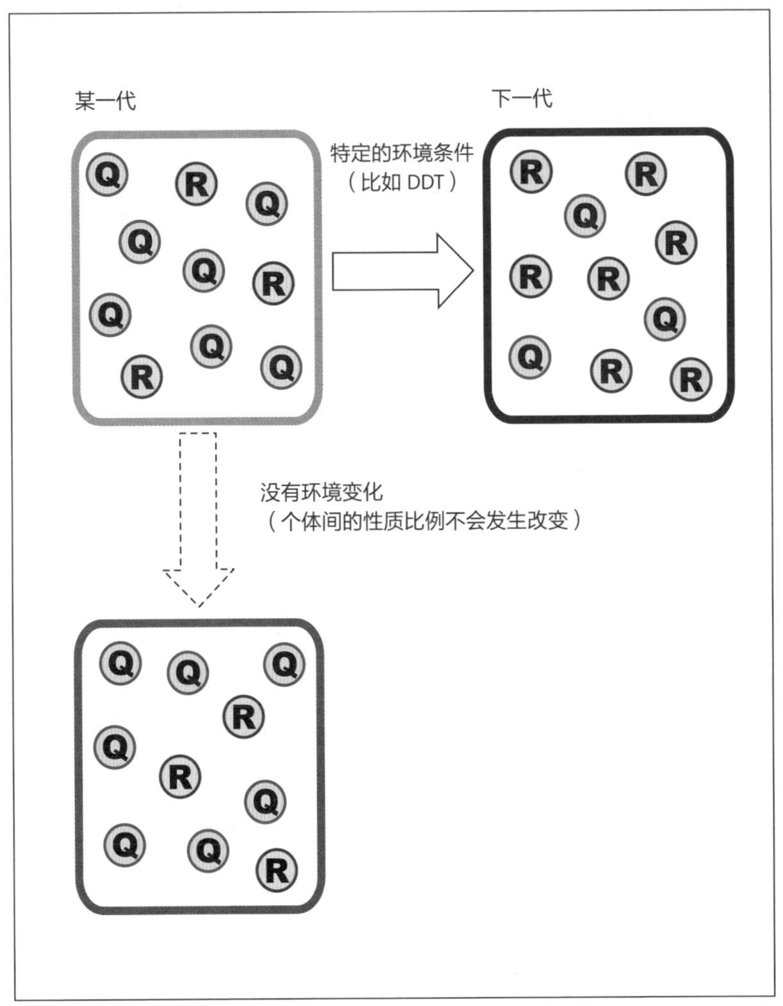

在某一代的种群中，假设个体之间存在 Q 和 R 两种不同的性质。在某个环境中，R 性质如果比 Q 性质更利于生存繁殖下去，那么在下一代中具有 R 性质的个体就会占大多数。

但在如前文中的蜣螂失去前足跗节的情况中，就没有那么简单了。要把这种形态学上的特征变异和一个个基因随机变化对应起来进行整体描述是很困难的。因此要用自然选择来说明包含了这类性状的一切生物是怎样凭借七零八落的突变发生适应性的改变，从而形成新物种并持续进化，总让人感觉生硬。

尤其如脊椎动物的眼睛（图 6）那样，是由晶状体、作为感光胶片的视网膜以及负责传送信息的视神经等组成的复杂物体。如果用七零八落的突变来解释这么一个唯有当所有组件的功能以及结构都顺利结合到一起才会起作用的精巧复杂物体的起源，生硬感会格外明显。

图 6　脊椎动物的眼睛

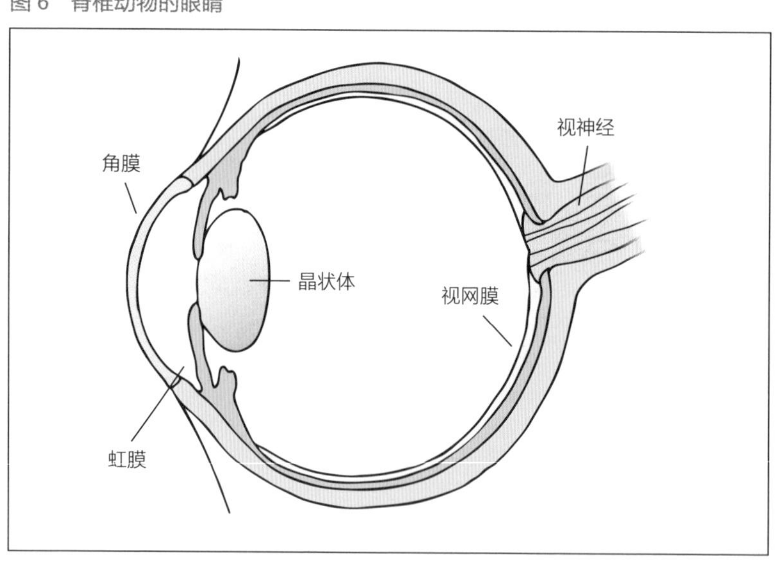

脊椎动物的眼睛拥有极其精巧的机制。能否看作它是各个组件分开各自进化，直到有一天突然可以完全发挥眼睛的作用了呢？

否定进化论的法布尔

脊椎动物的眼睛的问题是对自然选择说的各种批评声音之一，达尔文自己也很清楚这一点。他在给友人的信中说“一想到眼睛的问题，几乎就想死”，从这一点看来，他说的这句话也不只是一句玩笑而已。

但即便如此，他还是努力用自然选择说去解释所有的事物和现象。因此对于可能会有漏洞的内容就避开。可以说达尔文身上是存在这种行为的吧。比如在前文讲述“用进废退”时，他也是除了蜣螂的前足跗节以外还举了很多例子，“避开”得非常自然。

但不只是生物体的结构，类似昆虫本能等复杂的行为模式也同样挑战着自然选择说。因为这些复杂的行为模式在刚开始也是向各个方面各自发展，直到全部都集齐的时候才能被叫作行为模式，发挥出整体的效用。让我们来看一下某种黄蜂（蜇人蜂）的例子（图 7，图 8）。

图 7 捕捉到青虫的黄蜂

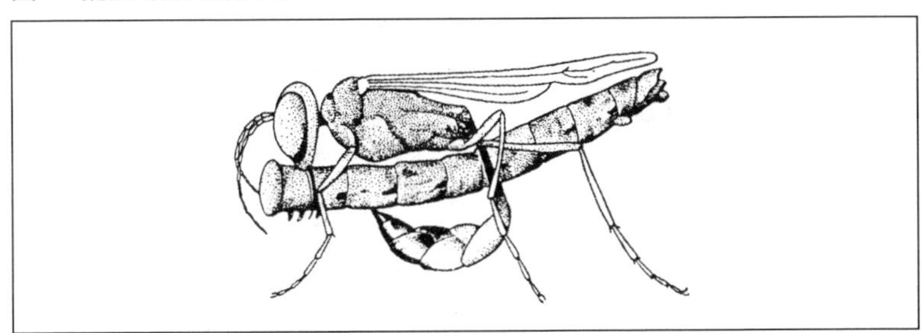

图 8　黄蜂的本能行为

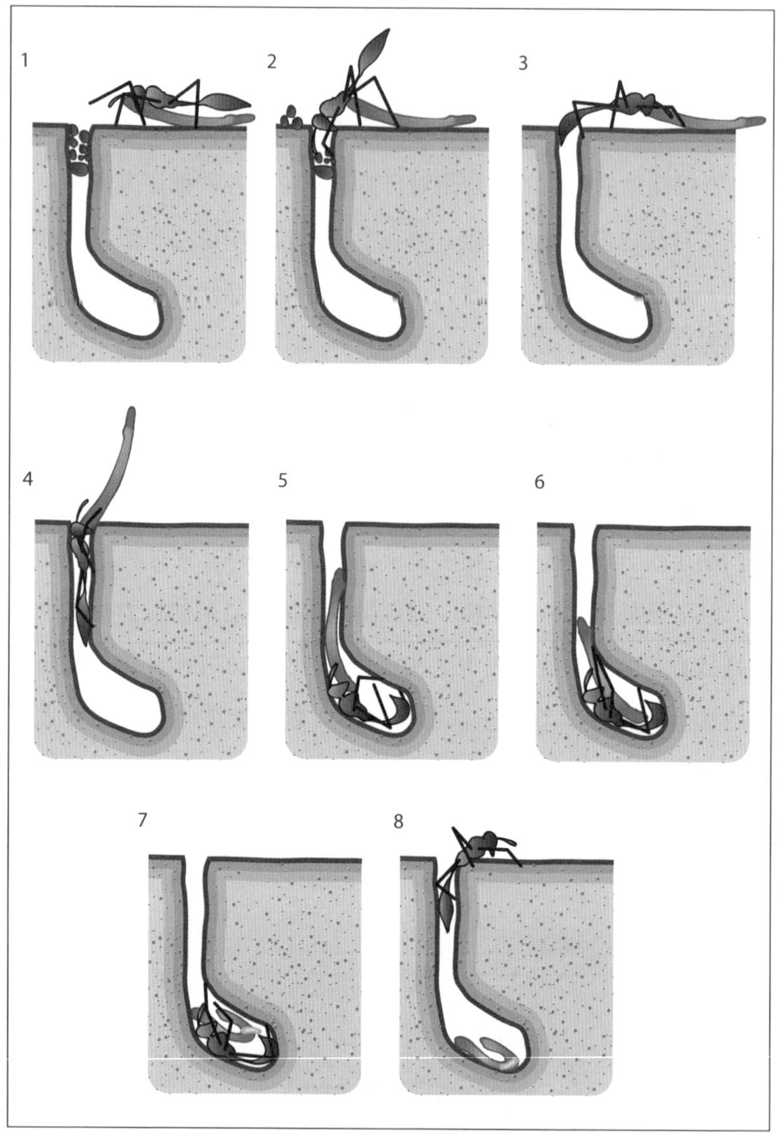

黄蜂一抓住青虫就立即把针刺入神经节使它麻痹。接着把猎物搬运到巢穴附近，移开隐藏洞口的遮蔽物进入洞中察看，然后才把猎物拖进洞内，最后在它身上产卵。

资料来源（左页同）：L.Berland，《动物学论文》（*Traité de Zoologie*）

当雌蜂想要产卵时，首先会挖巢穴。接着去捕猎产卵用的猎物（蜘蛛或青虫等），它会把针刺入猎物特定关节接缝下的神经节使它麻痹。之后把猎物搬运到巢穴洞口处，并暂时放下猎物，然后进洞察看一下它不在的时候巢穴里是否发生了什么异常情况。最后当它确定了没问题时就会把猎物搬入洞中，并在猎物身上产卵。

这一系列的行为好似黄蜂“完全清楚所有这些事情的意义”一样在有条不紊地进行。如果最开始没有行为蓝本，每个行为都是仅凭随机或者说摸索着建立起来的，最终能形成这样井然有序的行为模式吗？

昆虫的观察者亨利·法布尔㊀之所以从一开始就对达尔文的进化论表示出强烈的质疑，可能就是因为强烈感受到用自然选择来说明这种情况时很生硬吧。

那么果真存在比自然选择说更胜一筹的科学解释吗？如果只用语言来说明的话，有很多科学理论都可以。比如昆虫是否也有智慧呢？恰如其分的行为是因为有神的指引吗？一系列的行为组合在最开始时就是作为一套完整的行为模式一齐实现的吗？等等。

以上这些说法中，认为昆虫有智慧、能明白自己行为意义的看法被法布尔通过野外试验否定了。趁着黄蜂抱着捕猎到的蜘蛛回到巢穴洞口边，进洞察看是否有异常时，法布尔把蜘蛛远远地移到了几米之外。他的这个恶作剧试验的故事非常有名。当从洞里出来的

㊀ **亨利·法布尔**
法国昆虫学家。通过自学不但成了物理学和数学老师，同时还凭借惊人的注意力和耐性观察昆虫的生活状态和习性，编写了全10卷本的《昆虫记》。

黄蜂慌慌张张去找到蜘蛛后再次搬回到洞口，接着又再次钻入洞中察看洞内情况时，尽管它刚察看过一遍应该知道没有异常。法布尔趁着这间隙又一次把蜘蛛移动到了数米之外。

如此试验直到感到疲惫——不是蜘蛛，是法布尔——为止，黄蜂也没有吸取教训。

由此，昆虫的观察者法布尔确信“黄蜂并不是‘为了’察看巢穴内是否异常而潜入洞内的”。把猎物放在洞口，接着潜入洞穴这一系列行为是原先就这样设定了的，不会有进化什么的，只会永远这样反复下去。

跟着法布尔的思路，乍看之下确实很让人信服，甚至还能感觉到语言中回荡着诗韵。但是，如果就凭“原先就这样设定了的”一句话就能解决所有的问题，那就不需要科学了，当然本书的存在也没有任何意义了。

不够彻底的进化会引发漏洞

地球年龄约为 46 亿年。这是现代宇宙科学提供的科学结论。也就是说从现在往前回溯到 47 亿年前的话地球并不存在，更别说黄蜂了。地球上的第一只黄蜂不会是突然出现的。应该是以前的虫类逐渐进化为昆虫。这是生物学提倡的科学结论。

如今生物世界中所能见到的复杂的行为模式或者结构混合体都是极其精准地为了实现某个目的而形成的。而这类事物太让人印象深刻，很难想象如此精准的系统是从并不完善的状态开始一步一步摸索着逐渐进化而来的。其实也完全可以认为这类事物的模式就是突然形成的，因为不够彻底的进化会引发漏洞。在《昆虫记》中，关于这个“不够彻底”是什么意思，法布尔不厌其烦地罗列了很多自己想说的具体例子。但是主张生物所拥有的行为模式是突然产生的这一观点也还是如同主张这些行为模式没有开始而是一直存在的观点一样抽象，无法让人相信。

在这里，让我们以下文中的观点来探讨刚才那个“逐渐”的意思，看下会怎么样吧。总之，这个观点认为每一个基因并不是和其他基因毫无关系地以随机方式发生变异，而是在反复进行着有统一控制且相互协调配合的变化的同时向新物种演变。虽然按这种说法，就需要有一个上层机制来决定每个基因的变异范围和规律了。

仅仅说到这里，大家可能还是会觉得抽象，不知道在说些什么。但我仍想让大家了解一下，“相互协调配合的变化”的观点在近几年慢慢得到越来越多的支持。来自加利福尼亚大学的约翰·杰拉德（音译）和哈佛医学院的马克·基施纳（音译），这两位生物学家所提出的“进化的可能性”就是对这一观点的支持。

根据他们的观点，在某个方向上被设定的小变化担负起了进化的职责这一想法是合理的，而且从生物学的数据中也能做出很有把握的推断。因此这个观点并非异端邪说，而是被正统进化论研究者所提倡的，并且该观点中的那个使相互协调顺利实现的“上层机制”也得到了现代基因系统研究的支持。

工业黑化蛾再次变白

无论如何都可以肯定，如果有 100 万种物种就有 100 万种起源。但要实际了解生物进化向物种踏出的第一步却很困难。因为和人类的研究进展速度相比，进化所花费的时间尺度实在是太大了。但是现代工业社会却很意外地提供了一个实例，那就是著名的“蛾的工业黑化”事件。

19 世纪中叶，在被煤烟熏黑的英国工业城市近郊的树林里，身体颜色发黑的突变型桦尺蛾的数量突然剧增（照片 5）。博物学家 H.B.D. 凯特威尔（Henry Bernard Davis Kettlewell）对这类桦尺蛾进行了研究，认为黑色更有利于在被煤烟熏黑的背景中成为保护色，从而躲过天敌鸟类的搜捕，黑化型比一直以来的亮色个体生存能力更强，对此他也搜集了相当多的证据。

野生型桦尺蛾正如它的英文名字一样拥有霜色的翅膀，当它们停留在覆盖着地衣（生长在树木表面类似苔藓一样的藻类和菌类共生的复合体）的树干上时，霜色会成为它们的保护色。但是因废气排放导致地衣剥落，树皮也被煤烟熏黑，野生型桦尺蛾再停到树干上时反而显得特别醒目。当时从曼彻斯特等地搜集来的数据也显示树林的污染程度同黑化蛾的增加数量有非常明显的正比关系。如忍者一般停留隐藏在变黑的树皮上的黑化蛾的照片在介绍现代进化论时是必说的话题之一。

照片 5　蛾的工业黑化

19 世纪中叶，栖息在英国城市周边的桦尺蛾的翅膀变黑，突变型数量剧增。博物学家凯特威尔给野生型（上方照片）和黑化型（下方照片）分别做上记号后放回自然环境，当他再次把它们捕捉回来研究时发现，黑化型比野生型更不容易被捕食，而且颜色的差异会遗传给下一代。

到了 20 世纪 60 年代中期，英国通过了空气净化法案，树林多少恢复了一些生机。于是黑色蛾的数量也随之开始减少（图表 1）。有些学者为此非常高兴，因为他们认为翅膀黑化是作为保护色而形成的这一事实由此得到了证实。

但那些试图想搞清物种起源的进化学家们却没有办法高兴起来。无论这种现象是不是出于保护色，总之当野生型和突变型之间出现一定差异时，那个差异会被这样保持下去，并由此开始不断积累发生新的差异，最终这种差异会使得两个类型间无法交配从而形成一个新物种——按照已知理论必须是这样发展的。但实际情况却是朝着新物种刚刚踏出去的那一步却因环境原因立即恢复到了原来

图表 1 蛾的工业化

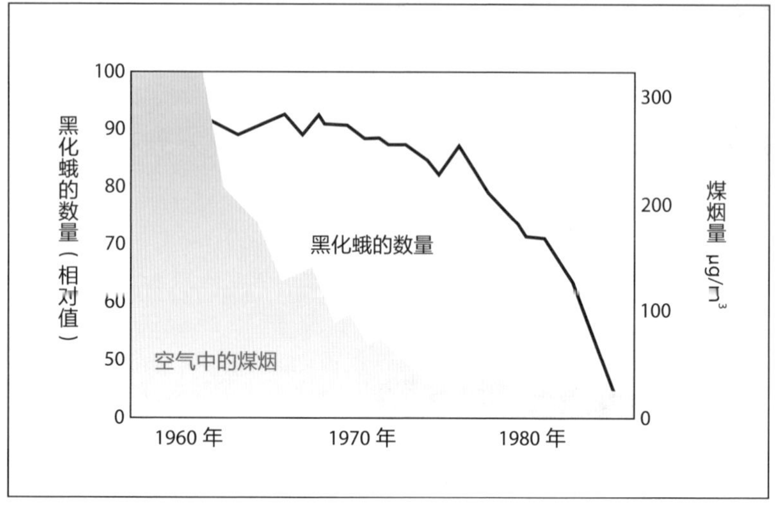

随着工业化发展，空气中的煤烟量和黑化蛾的数量相关联。如图表所示，从 20 世纪 60 年代到 80 年代，因为煤烟排放逐渐减少，黑化蛾的数量也减少了。

资料来源：Michael C.Bucher

的状态，这种“犹豫不决”的现象无法确保新物种的诞生。

尽管看起来说黑化是种保护色似乎并没有错，但实际上也存在质疑这种说法的研究。比如据观察，发现这些桦尺蛾出于习性不但会停在树干上也会停在很多其他地方，或者也有些角度的理论提出对于它们的天敌鸟类来说，捕食时“视觉以外”的因素也很重要。

另外，还有来自生物学的观点认为和煤烟一起被排放到空气中的重金属才是造成蛾的身体颜色变深的直接原因。

不过就算这些质疑声中有一部分是正确的，研究者们也没有因此鲁莽地立即从头到脚全面否定重视基因突变的新达尔文学说的进化机制，这是非常明智的。作为保护色的黑化这种说法完美得让人几乎无法产生任何怀疑。要知道，“完美的说法”是让人期待的，因为这样就能顺利地解释清楚某一现象了。

可是这个说法太过完美。对于采信某个科学假说来说，要小心被“太过完美的说法”欺骗，这就和买推荐商品是一样的。

进化脚步的黑匣子

进化的脚步无论走到哪里都只是凭借偶然性吗？正如到目前为止所举的这一小部分例子那样，直到现在这个问题仍在争论不休，谁都无法给出定论。

但至少“从细菌到人类”，是在地球上经历了数十亿年的时间慢慢演化过来的，这一点毋庸置疑。如果有人不相信这个事实，那也是个人自由选择，但这样的人如果来看本书那就没什么意义了。

我们还是必须把一路走到现在的进化的脚步及其机制中尚留存的大量未解决的黑匣子问题和未解决的争论，与认为总之就是那样进化过来的想法区分开来。

进化具体是沿着什么样的路径前进？关于我们人类自身的进化又是怎样一个过程呢？本篇不过多涉及这个话题，其他的篇章会详细阐述（编者注：关于人类的起源请参阅本书第 196 页 Part3 的内容）。

地理上的隔离不会使进化倒退

本篇的主题是物种之始。黑化蛾确实恰到好处地为新物种的起源提供了实例。为了表示它们之间的关系，野生型的叫作“典型桦尺蛾”，黑化型的叫作“碳化桦尺蛾”，以此表示后者是前者的变种。不过一旦环境得到了改善，野生型桦尺蛾立即重新繁荣起来。

变种属于端始种，即从这里开始再一步一步向前走终究会演化出新物种，但为了防止这一步一步的过程中不会发生倒退，就需要制动装置。在达尔文研究进化论的同时，阿尔弗雷德·拉塞尔·华莱士（照片 6）在林奈学会发表了一篇题为《变种具有无限远离原

照片 6　阿尔弗雷德·拉塞尔·华莱士
独自创立自然选择理论的英国博物学家。25 岁时受到达尔文的《贝格尔号航海志》的启发参加了亚马孙探险队。回国后独自提出了自然选择的构想，并把论文送到了达尔文那里。随后在那一年的林奈学会上，达尔文和华莱士联名发表了这篇论文，第二年达尔文的《物种起源》出版。

先物种的倾向》的论文。如果没有这篇论文，进化论就只能像一辆开上了陡坡却没有防滑装置的火车一样困在原地，进退两难。

这个难点也在自然选择说刚提出来时被指出过。于是为了规避这个问题提出了一些说法，其中比较有力的一个就是“隔离”。

在“隔离”的说法中还有更容易理解的，就是地理上的隔离。其中最有名的例子就是加拉帕戈斯群岛上特有的一种叫作加拉帕戈斯地雀的小鸟，达尔文曾经从这些群岛带回过该种鸟类的标本，随后大卫·莱克也对这些鸟类进行过细致认真的研究。另外在夏威夷群岛上的一种叫作吸蜜鸟的小鸟，也有与之类似的现象（图 9）。

这些拥有不同形状喙的同类小鸟除了喙以外也有很多不同的地方，因此被确认为不同的种类。由于它们是以少数个体为一群分别被隔离在各个岛上生活，所以如果先按照每个岛上的小鸟的一些变化去观察，然后再统合起来看它们各自的变化方向，就很容易理解造成它们之间差异的原因了。

但在平时的现实世界中，居住场所恐怕不会被分隔得那么恰到好处。那么在那种“普通的居住场所”中又会怎么样呢？

我们来做一个假设。如果前文中的黑化蛾随着翅膀的变异，活动时间也开始不同，和野生型桦尺蛾完全遇不上了的话，那也许就不会因空气一得到净化就很容易地恢复到原来状态了。如果真的发生了这样的情况，那就属于“因生活习性而隔离”。另外也能想到有因居住场所或繁殖行为的细微变化而发生隔离等各种可能性。

但就此兴致勃勃地说对于这种“隔离”的支持是自然选择说不够充分的证据是不正确的。那么反过来，认为自然选择说本身从一开始就设置了一定的机制来防止发生倒退又会怎么样呢？在各种各

图 9 由自然选择产生的多样性案例

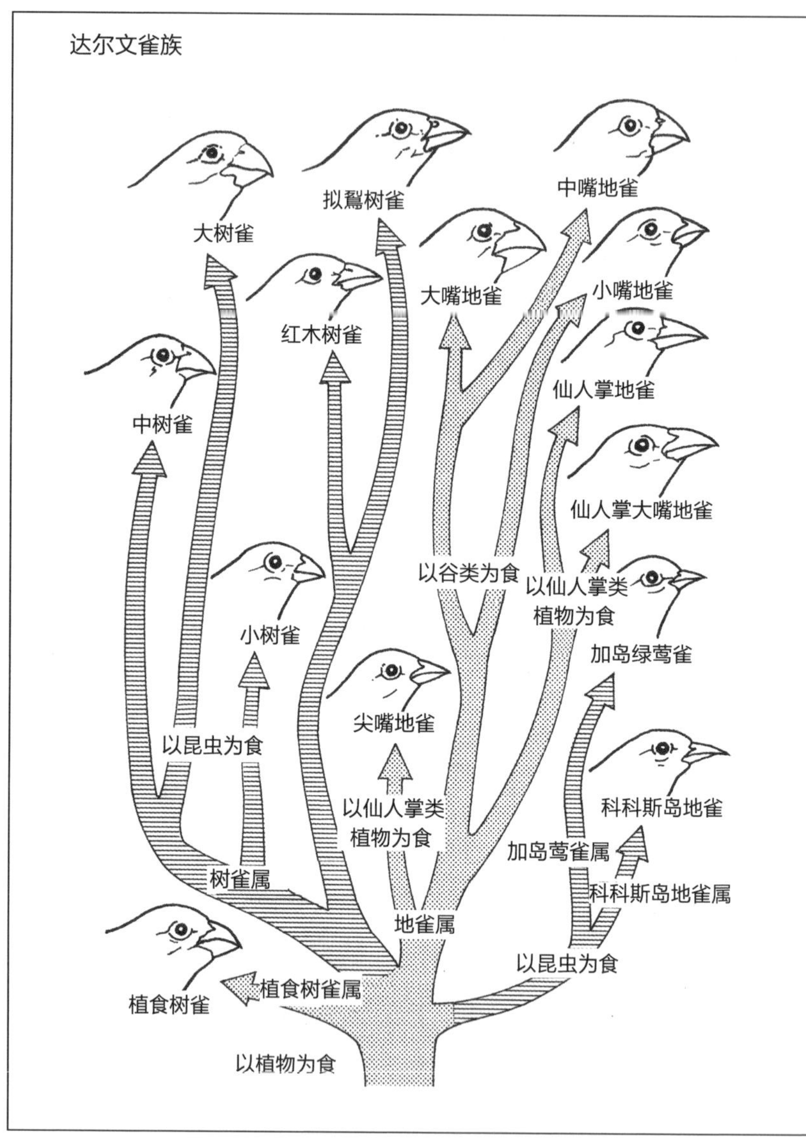

栖息在加拉帕戈斯群岛上的达尔文雀族。其中有种陆生鸟类（中嘴地雀）体型比较大，更容易获得食饵，也有更多机会获得交配对象，于是它们的体型一代比一代大。

夏威夷群岛的吸蜜鸟。它的喙的形状因所生活的岛不同而各不相同。这是自然选择的结果，使得吸蜜鸟朝着多样性发展。

资料来源：D.Lack，《达尔文的地雀》（*Darwin's Finches*）

样的这种制动机制中，最容易让外行理解的可能就是上文所说的地理上的隔离了。

进化论也会进化

之前有提到过一个很难理解的“相互协调配合的变化”。我最终是想说这种不会发生倒退的自然世界中的机制在最原始的那一刻就以某种形式编入到基因系统中了。那么“某种形式”是什么样的形式呢？这就是今后要面对的课题了。

从 20 世纪 30 年代到 40 年代，在 DNA 作为基因登场的前夕，“统一理论（统一说）”登场，并把宣扬自然选择万能的进化论作为生物学的舞台华丽地开始了它的表演。工业黑化蛾等例子就是这个舞台上的明星。

但就如我们所谈到的那几个例子一样，其中也潜伏着很多问题。但也不能就此说这位“明星”就完全没落成为历史了。科学上的学说经常会检查自身的问题点并不断改进。正如老生常谈的那样，“进化论也是会进化的”。

本篇中没有过多涉及的“中性进化（中性学说）”（图 10）的观点是近年来最大的一个补救措施之一。根据这个假说，无法被自然选择的压力所控制的微观变异在基因层面中不断随机累积，到了某个时候会产生出担负其他新功能的基因。而关于随机性的累积要怎样才能担负起新的功能的具体论述，就必须要在今后得到试验数据方面的补充和强化了。对于携带着新功能初次登台的基因来说，也有像前文中提到的为统一理论所准备的进化论的舞台那样的“脚本”理论。

“物质之始”的问题如今终于从提出各种假说的阶段进入具体理论开始成形的阶段了。

图 10　分子进化的中性学说

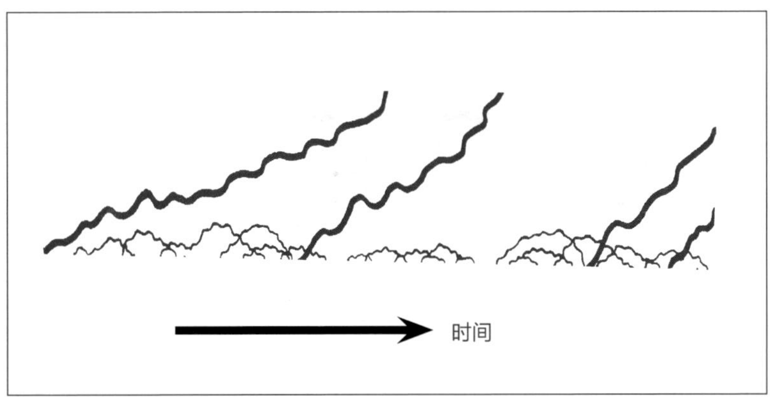

由木村资生（1924—1994）创立的分子进化中性学说的观点。一个群体内会出现几个中性的突变。在这过程中，因遗传性的不稳定，或者说在随机情况下，某个突变（粗线）被确定下来，而其他的（细线）便会消失。

Part 3

人类之始

据研究称，我们人类的直系祖先是在非洲大陆诞生的。这种说法叫作人类非洲起源说。但在近几年，因不断有新的化石被发现，研究人员开始明白关于人类起源问题的答案似乎还要更复杂些。真相究竟在哪里？新的化石为什么会迫使人类起源剧本面临改写呢？

Part 3 人类之始

新海裕美子

存活于恐龙时代的人类祖先

距今约7000万年前，在恐龙在地球上昂首阔步的时代，出现了一种在树上东奔西跑的小动物（图1）。这种拥有长尾巴和大眼睛，长着坚固的牙齿，还有像现代的狐狸那样的尖嘴的动物，在白天时怕被捕食者盯上，常躲在树枝下等阴暗的角落里休息，一到了晚上天色变黑就敏捷机灵地到处奔走寻找食物。

它们有时捕食昆虫，有时吃树上长出的果子，也许偶尔还会偷小型恐龙的蛋来吃。科学家们认为这种长得有点像老鼠又有点像松鼠的小动物才是最原始的灵长类动物，即我们人类遥远的祖先。

后来很可能是因为巨大陨石撞击（图2）地球，导致地球环境剧变，恐龙灭绝了，但这种灵长类动物却从这场白垩纪晚期（6500万年前）的灾难中生存延续了下来。接着同种类的伙伴数量逐渐增多，其中一部分体型也比以前大了很多。这些种类便进化成了类似于黑猩猩或者大猩猩等的类人猿，它们不再是轻巧地穿梭在树上，而是拥有了柔软且强韧的手指能抓着树枝，并且身体敏捷，能从一根树枝跳到另一根树枝。

不过没过多久，我们这些祖先就迎来了第二次转机。

图 1　恐龙和哺乳类动物的祖先

在被各种恐龙统治的中生代白垩纪的森林里，有一种和恐龙完全不同种类的小动物在树林间隐藏栖息着。它们在 6500 万年前恐龙灭绝后繁荣兴旺，后来成了包括我们人类在内的灵长类（哺乳动物）的祖先。

插图来源：Jan Sovak/ 矢泽科学办公室（Yazawa Science Office）

图 2　陨石撞击

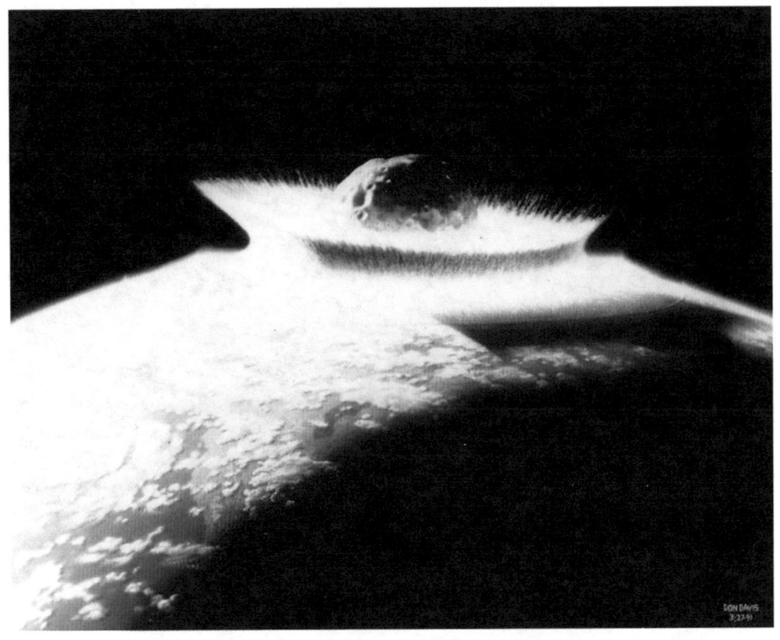

在地球编年史上，时不时会有小行星或彗星造访地球发生碰撞的记录，并且每次都会导致地球上的生物因为环境发生巨大的变动。

插图来源：美国国家航空航天局（NASA）

非洲的东非裂谷是人类的发源地吗?

南北向纵贯非洲大陆的东非裂谷（大地沟带）是条总长为 6400 千米的“大峡谷”（照片 1）。裂谷的平均宽度为 50~60 千米，有些地方则达到 100 千米以上。在它的底部是开阔的绿色原野，同时还星星点点分布了很多湖沼。

所以，东非裂谷虽然说是“裂谷”，但其实就是一片稍微有点

照片 1　非洲大陆的东非裂谷

位于非洲大陆东部的东非裂谷。它因地球板块间的剧烈运动而产生，为什么曾经生活在这个裂谷周边的灵长类动物会开始直立行走了呢？

照片来源：美国国家航空航天局（NASA）

下陷的宽广大地。这里同时也是地球物理学的重点研究区域，重要性不亚于覆盖地球表面的板块㊀。

大约在 3000 万年前，非洲大陆和阿拉伯半岛因地球内部板块运动的作用开始分裂时，非洲东部也再次分裂，由此才形成了我们今天所看到的裂谷带。到了 800 万年前，来自地球内部涌出的地幔的力量使裂谷带周边开始隆起。因此导致非洲东部的气候开始发生巨大的变化。

自西向东的雨云因被隆起形成的山脉阻碍，使得非洲东部没有任何降雨。结果原本降雨量丰富的非洲东部地区的热带雨林因此变得干燥。原本郁郁葱葱的森林衰退了，广阔的热带草原开始生长。

如此一来，没有离开东非裂谷东侧（印度洋沿岸一侧）的类人猿们就必须要适应新的生活环境。虽然在流经热带草原的河边或者河水注入的沼泽和湖边还残存着一些或大或小的森林，但这作为类人猿们的生活空间是不够的。所以为了寻找水和食物，它们就必须在星星点点的森林之间的开阔绿地上漂泊。横穿没有藏身之“树”的草地的必备能力之一就是用两条腿直立行走。研究者们认为它们——学会直立行走的类人猿（图 3）才是我们人类的祖先。

以上的假说被称为“热带草原假说”，或者借著名的音乐剧《西区故事》的名字称为《东区故事》。这就是一直以来很多人类演化方面的研究者支持的人类起源的“剧本”。

㊀ 板块

20世纪60年代提出的地球物理学中的概念。科学家们认为像蛋壳一样且具有刚性的岩石圈（包括地壳及地幔的最上层）分成几个部分覆盖在地球表面。这一片一片分开的部分就叫作板块。说明板块运动的理论是板块构造学说。

图 3 直立行走的类人猿

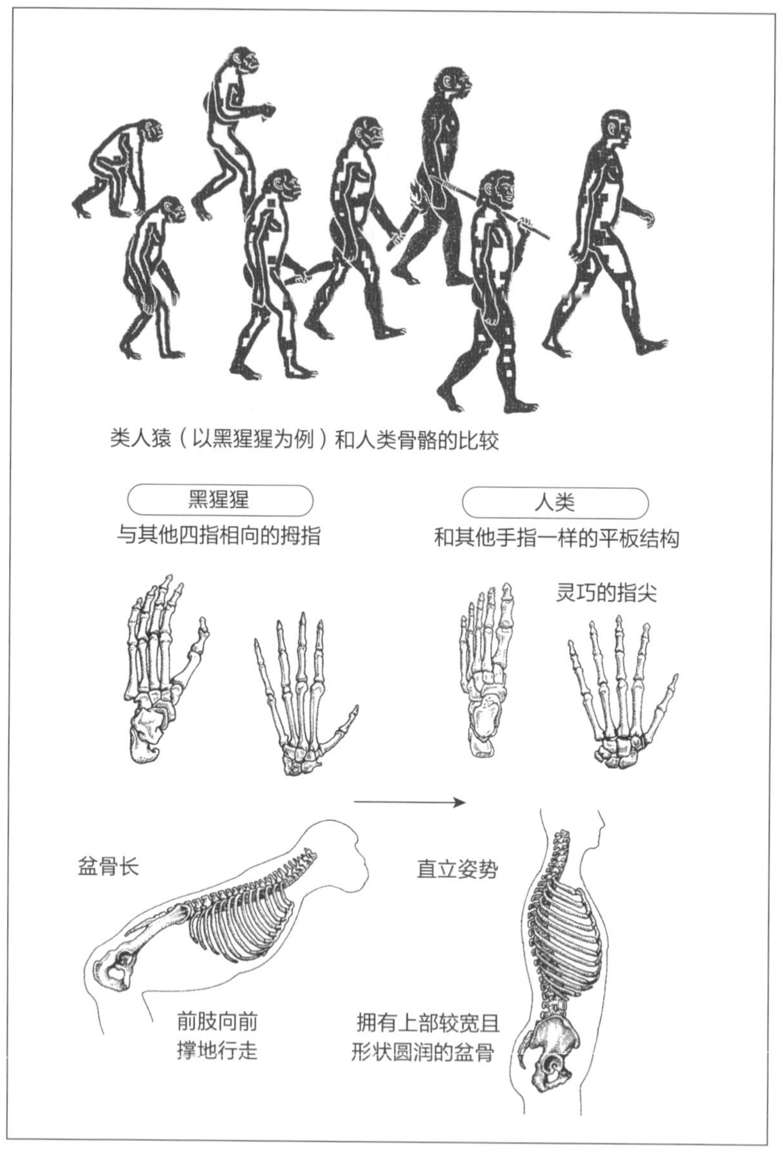

研究者们认为四肢行走的灵长类动物演化到直立行走的过程加速了其向人类进化的进程。

插图来源：矢泽科学办公室（Yazawa Science Office）

尽管近几年开始不断有意见认为这个热带草原假说是错的（其中的原因稍后再说），但我们有必要先稍微探究一下人类祖先为什么会双腿站起来。

人类的形态很奇妙

在专门研究生物形态及规律（形态学）的研究者们看来，人类的形体是非常不自然的。当然地球上的生物之间到目前为止几乎都没有什么共通之处，经常会以异想天开的形态诞生下来，所以可以说无论什么形态都谈不上不可思议。

尽管如此，人类的形体缺乏稳定性这一点是其他动物身上不存在的。我们的身体好似由业余木匠用细长的材料制成，按说如果要在平面上站立的话，每个人都应该有三条以上的腿才行。如果没有那么多腿，就要底部支撑面足够大才能保证平稳。但实际上人类只靠双脚站立，并且脚底也没有宽大到足以保持稳定。

在现在的陆生动物中，用整个身体抵抗着重力、以垂直于地面的直立姿势生活的只有人类。企鹅虽然乍看之下也会用双足站立，但它们主要的生活还是在水中，登上陆地的时候是弯曲着下肢做出直立姿势的，所以它们并不是用双脚站立的（图 4）。而且它们站着的时候一般都还会用尾巴撑在地面或冰面上以保持稳定。

对于我们的祖先来说，学会直立行走可以说是实实在在的革命性事件。但是用双脚走路，身体稍有些动作就会变得不稳定，而且因为心脏和肺等重要器官都朝着正前方，会导致弱点完全暴露在食

图 4 企鹅走路的方式

企鹅在陆地上虽然乍看之下好像在直立行走，但实际上是像图中人的姿势那样深深弯曲着膝盖蹲着走路的。

肉动物面前。

不过在另一方面，双腿直立也有很大的优势。首先是头部的位置变高能眺望到更远的地方。因此人类可以比其他动物更早觉察到危险，而且也能更高效地搜寻到生存的必需品（图 5）。

其次是人的双手可以从走路或直立的姿势中解放出来，非常便于抓取或搬运东西。这使得人类制作和使用工具成为可能。在制作、改良工具的同时又不断发明出新工具的生活方式中，人的手变得越来越灵活，智力也得到了促进。

在上文的热带草原假说中提到直立行走作为横穿草地的必备能力之一得到了强化和发展。但如果就此说发展出直立行走对于像热

图 5　双腿行走的优势

人的眼睛的位置比其他很多动物都高出很多，因此视野宽阔，视力也更发达。

带草原这样的自然环境来说是必不可缺的，有一部分研究者并不认同。

比如黑猩猩等也会为了够到树枝摘取果实而直立起来。故而有研究者提出这种类人猿中的一部分在日常生活中逐渐学会了直立行走等说法。另外还有研究者认为身体离开了地面后重要器官更容易冷却，或者认为在和其他动物竞争的生存环境中直立行走更便于发挥有利作用，还有认为群体内部的生活方式或性活动让它们进化出了直立行走等说法。

关于直立行走的起源，还有其他各种各样的观点被研究者们倡导，但无论持哪种观点，所有的人类学家基本都认可直立行走促使了大脑的高度发达。

开始直立行走是什么时候?

我们的祖先是从什么时候用双腿站起来向着成为人类迈出第一步的呢? 据估计可能是非洲大陆的东非裂谷开始成形后又过了相当久的时间，即距今大约 600 万 ~800 万年的时候。

2001 年，法国普瓦捷大学的米歇尔·布鲁内特（Michel Brunet）教授带领的研究小组在位于非洲大陆中部地区的乍得共和国境内发掘出了特征恰好属于类人猿和人类中间阶段的化石。

这种乍得沙赫人（取名为图迈，这是当地人为在旱季到来之前出生的孩子起的名字，照片 2）的人类祖先化石是同两栖动物、鱼类以及鳄鱼还有大象或老鼠等的同种类动物的化石一起被发现的。所以，研究人员估计图迈的生活环境很可能是在湖边，并且四周还有森林、草原等广阔多样的自然环境。

图迈的化石以及面部还原模型在 2005 年的爱知世界博览会上展出过，读者中可能已经有人亲眼见过了。

图迈的大脑很小，现代人类的大脑尺寸为平均 1300 立方厘米，而图迈的只有 320~380 立方厘米，和现在的黑猩猩的大脑差不多大小。

随着这块人类化石的发现，人类历史又比之前往前追溯了 100 万年。因为据推算，图迈生存在 600 万 ~700 万年前，他比之前发现的约 440 万年前的始祖地猿（Ardipithecus Ramidus，后被更正为

580 万年前）还要古老很多（图 6）。

而且据说图迈的犬齿比类人猿小，从他其他几个部位的骨骼特征来看，他曾经直立行走的可能性很大。不过也有研究者提出这个化石不是人类的化石而是类人猿的化石。

在发现图迈的前一年，在肯尼亚也发现了约 600 万年前的人类祖先的化石。这块化石是图根原人化石，研究者相信这种最原始的人类不但很擅长爬树，而且确实曾经是能直立行走的。

照片 2　图迈的头骨化石

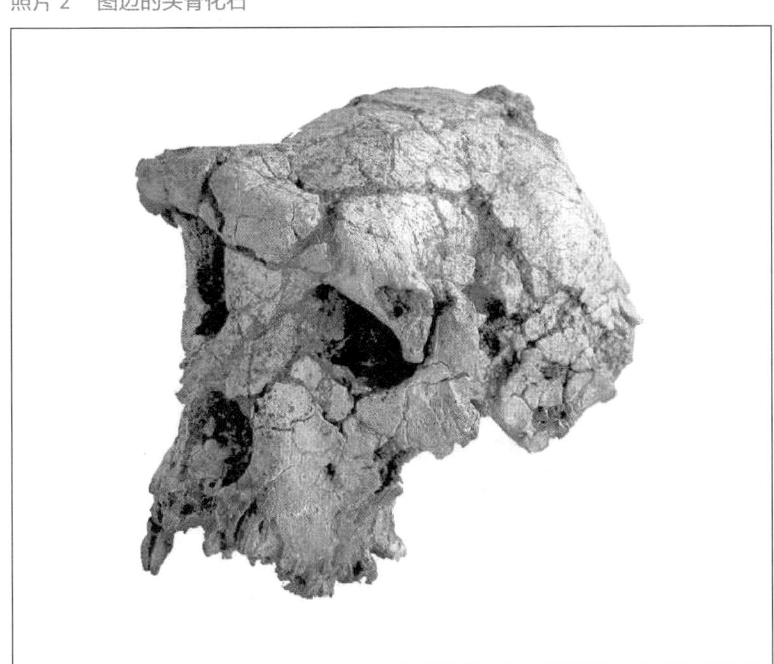

2001 年，在位于非洲大陆中部地区的乍得共和国境内发掘出的拥有类人猿和人类中间阶段特征的图迈（乍得沙赫人）化石。

照片来源：M.P.F.T.

图 6　非洲大陆的人类化石发现史

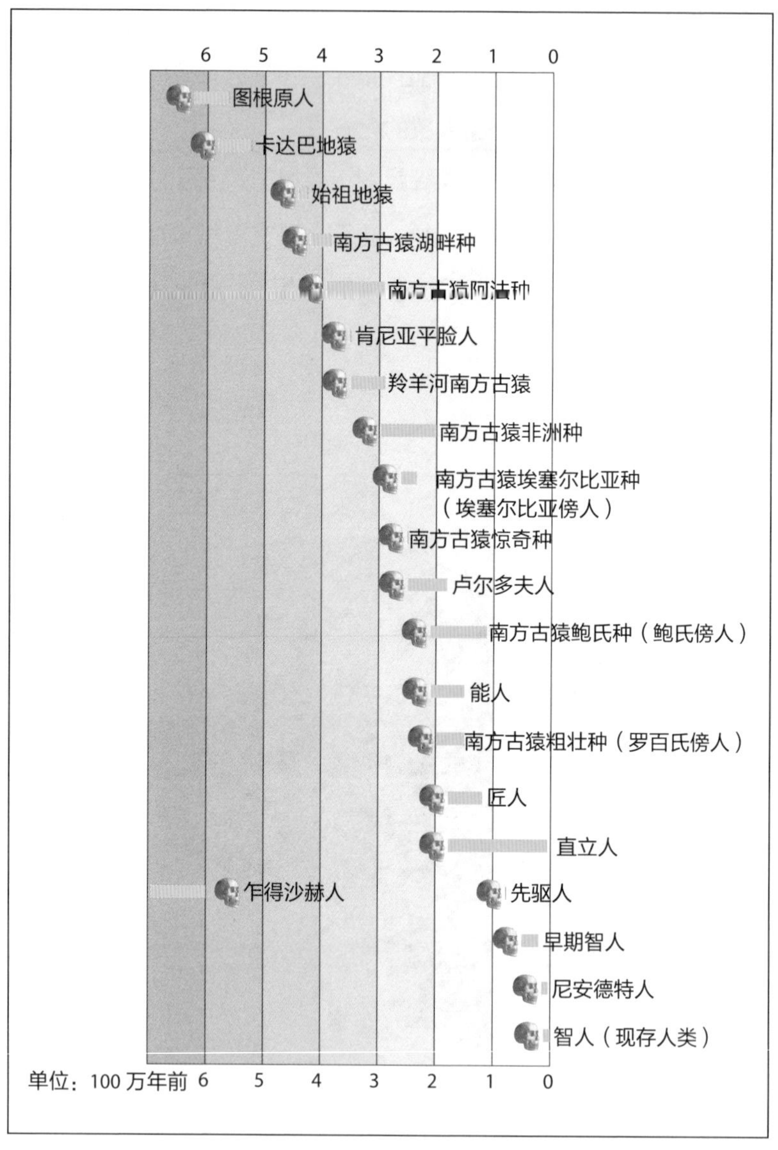

按时间顺序罗列的在非洲发掘出来的人类祖先们。据推断最古老的化石距今约 700 万年。

资料来源：Thomas Siebe（2002）

是热带草原假说搞错了吗?

但是这些给热带草原假说带来一个很麻烦的问题。先不说图根原人，图迈是在非洲中部的乍得境内发现的（图 7），这是和热带草原假说完全不相容的事实。

根据热带草原假说，人类的进化是以东非裂谷的东面为发源地的，但乍得却位于距离东非裂谷甚远的西面。而且发现他们的生存场所非但不干燥而且就在湖岸边。也就是说最早期的人类似乎并不是生活在热带草原上。无论是图根原人，还是比他稍晚的始祖地猿，确实都是在非洲东部发现的，但从他们骨骼的特征以及一起发现的植物化石等来看，他们有很大可能是生活在森林里的。

原本关于人类诞生于非洲东部的假说是因为当时只有在这块区域里发现了早期人类的化石而被提出的。可是当然不能因为某种生物的化石只是在特定区域被发现就说那种生物只在那里生存过或者这就是他们进化的地方。

绝大多数的生物尸体不会变成化石。有些尸体在沙漠或者河底，因为氧气被隔绝而且所处环境里会分解尸体的微生物比较少而使骨骼石化。但在像热带雨林这样的地方，土壤中的微生物会把尸体分解得连骨骼都不剩，因此绝不会形成化石。简言之，即使早期人类在非洲的热带雨林中生活过，也极难在那里找到证据。

如果像热带草原假说所认为的那样，东非裂谷的地壳运动导致非洲类人猿的生存环境发生变化，那么类人猿也许能凭借这种变化

图 7 非洲大陆和图迈的故乡

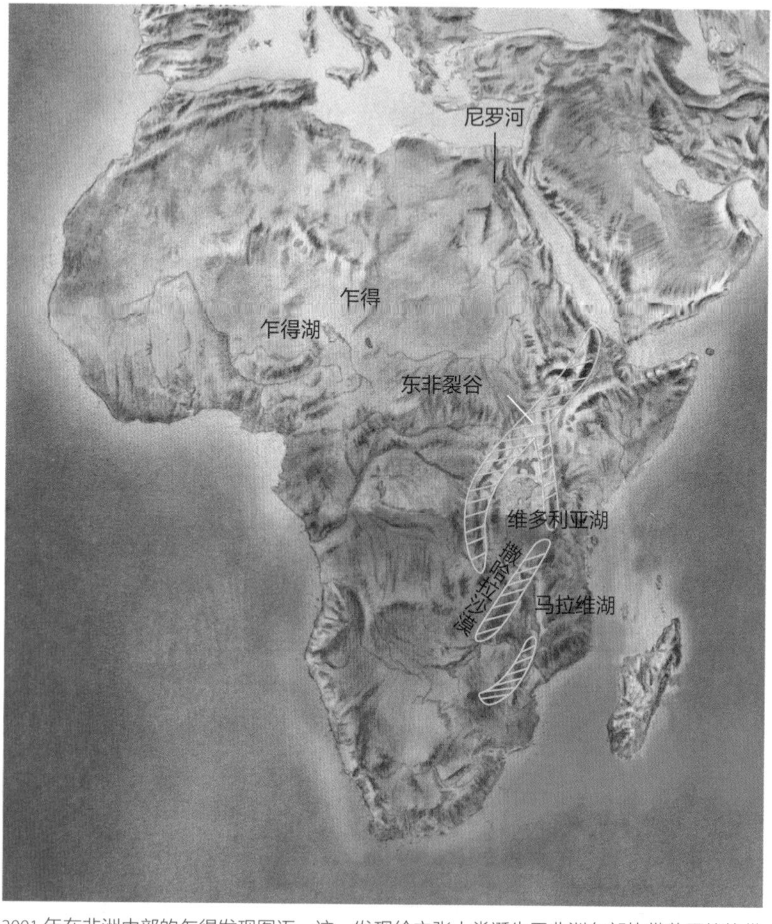

2001 年在非洲中部的乍得发现图迈。这一发现给主张人类诞生于非洲东部热带草原的热带草原假说带来了问题。

走上进化为人类的道路。但就算这个假设成立，人类也可能并不是在干燥的热带草原上诞生的，无论图迈还是图根原人，说他们诞生在和草原毗邻的森林里才更合理。

正因为该假说存在这样的问题，最近有不少研究者指出，一直以来认为东部非洲是我们人类的“故乡”这个观点是个谬误。

黑猩猩和人类的大差异与小差异

虽然黑猩猩和人类有极其近缘的关系，以致常常会有人误解，认为黑猩猩以后会进化成人类，但这并不会发生。科学家们认为黑猩猩和人类的共同祖先（类人猿的一种）在进化过程中，一支进化成了黑猩猩，另一支则进化成了人类（图 8）。

但目前还没有弄清那个共同祖先是什么时候在哪里出现的。虽然认为出现在欧亚大陆的说法得到广泛支持，但最近也有学者认为是在非洲大陆。

让我们转移视线来看最近的一个研究。该研究比较了黑猩猩和人类的基因组（所有组成基因的 DNA）后发现两者之间有 98.6% 是完全一致的，也就是说不同的部分只占不到 1.5%。

不过尽管从数字上来看差异很小，但实际上基因的工作方式差异却很大。比如在调查了 200 多个基因后的结果显示，起相同作用的基因只占了 20%。

从 DNA 基因或者其他的生物分子的差异中能推断生物进化事件发生的时间，这叫作分子钟。根据分子钟的推断，黑猩猩和人类的分支应该始于 500 万 ~700 万年前。而被认为是最早期的人类的图根原人或图迈的生存时期据估计是在 600 万 ~700 万年前，这个时间段也被认为是人类直系祖先和黑猩猩分道扬镳的时

图 8　根据基因绘制的类人猿的种系进化树

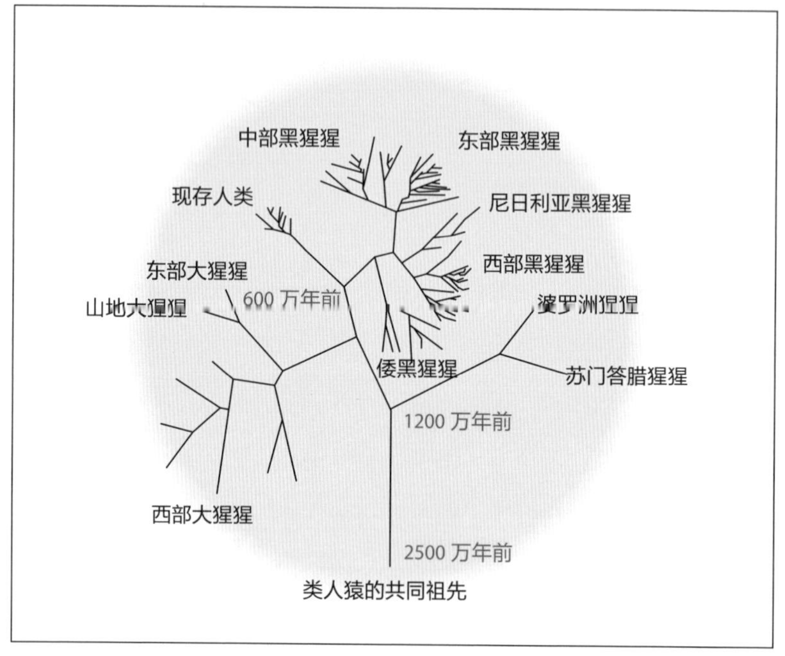

以上这幅根据基因研究绘制的进化树图展示了类人猿的共同祖先是如何分别演化成猩猩、大猩猩、黑猩猩以及人类的。进化树树枝的长度和基因差异程度成比例。能看出人类和黑猩猩（包括倭黑猩猩）是极其近缘的关系。

资料来源：Zimmer（2001）

候。可是这样的话，人类出现的时间就比分子钟推断的时间要早太多了。

但是无论是分子钟还是化石地质年代测定，都不是足够精确的推断方法，所以存在这样的出入也不能断言这就是个大的矛盾点。

那么在非洲大陆上诞生的图根原人或图迈这样的早期人类随后走过了怎样的进化之路呢？

进化不是沿一条直线进行的

从现在来看，以前社会学科的教科书上的人类进化过程是写得非常简略的。教科书上说，在几百万年前的非洲大陆上出现了像南方古猿一样的猿人，随后他们从那里迁徙到了世界上各个地区。后来他们的子孙先演化成了北京猿人或爪哇猿人等，再经历了演化为尼安德特人等古人，最终成为克罗马农人这样的智人并在全世界扩散开来。

但对于现在来说，这种线性进化的说法已经完全成为过去。进化并不是那么简单且容易搞清楚的过程。

比如比现代智人拥有更大大脑的尼安德特人大约出现在距今 3 万年前，但他们没有进化为智人就灭绝了（不过鉴于已经确定两者是生存于同一时代的，所以不排除可能会有两者的混血人种幸存下来）。尼安德特人会狩猎，有在墓穴旁供奉鲜花给已经被埋葬的死者的习惯，可以算是“文明”人。

在借助大量考古学知识描述了尼安德特人和智人生活的时代的世界畅销小说《洪荒孤女》里提到，尼安德特人虽然拥有出类拔萃的记忆力，但他们不擅长抽象思考和发明。这也许就是导致他们的进化止步不前的原因吧。

人类随着生存区域的不断扩大，人种应该也会多样化。在这个过程中像尼安德特人那样的“进化终止”事件恐怕发生过很多次了。

这是从其他各种物种的演化发展过程中可以推测出的。

但对于到底终止在了哪个阶段，进化的哪个分支演化出了我们现在的人类，科学家们仍几乎一无所知。虽然我们已经发现了很多被认为是人类祖先的化石，但其中大半都是骨头的残片，几乎没有发现过全身完整骨骼的。而且也并不是过去人种的所有化石都全部被发掘出来了。

过去的这些人种之间是怎样一种关系，和我们现存人类又是怎样一种关系，要弄清这些问题仍障碍重重。

不过现在呼声很高的是主张所有现存人类的直系祖先都是源自10万~20万年前的非洲大陆的“夏娃理论”。

20万年前的非洲女性是“人类之母”吗?

夏娃理论也被称为“非洲起源说”。它是个主张如今的人类（智人）都诞生在非洲，并由非洲扩散到世界各地的假说。在距今180万~150万年前，出生在非洲的猿人（直立人）为了寻找开发出一片新天地，他们移居到了亚洲和欧洲（图9），于是便在那些地方演化成了各种人类。但在那个时期的非洲，对环境适应能力更强且具备发明才能的智人出现了。

约20万年前，富有进取心的智人和他们遥远的祖先一样走出非洲大陆，移居到了亚洲及欧洲（图10）。而曾经广泛分布在亚洲和欧洲的猿人或古人的后裔也许在那之后就很快灭绝了，或者是被新的智人赶走了。所以说在非洲出生的这些智人才是所有现代人

图 9 夏娃理论

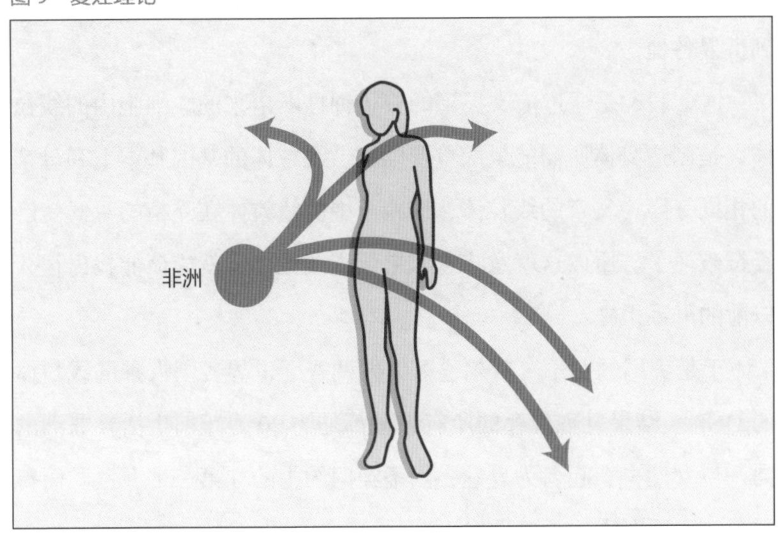

现存人类全部都是起源于非洲的“夏娃”吗?

图 10 人类种系进化树(猿人以后)

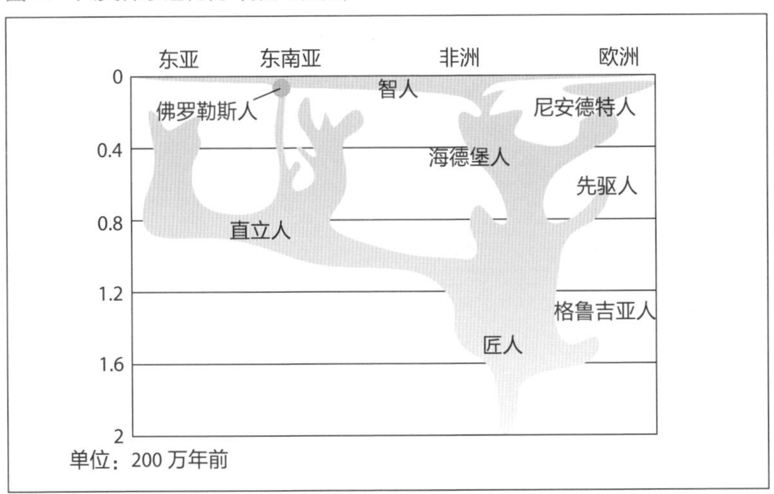

人类种系进化树。每当有新的化石被发现,进化树就会更加复杂。这张图中显示,现存人类(智人)是由非洲起源的猿人进化而来的。

资料来源:Lahr & Foley (2004)

类的祖先。总之这个观点就是主张人类曾最少有两次离开非洲移居到世界各地。

这个假说是通过前文提到的分子钟推断出来的。细胞内的线粒体，是制造身体所需能量的重要结构。线粒体的基因基本上和母亲的相同，因为父亲的线粒体，即精子中的线粒体在受精的时候就已经被破坏了。所以这就意味着如果调查线粒体，就应该能找出很久以前的母系祖先。

于是美国的艾伦·威尔逊等人便调查了世界各国人种的线粒体的 DNA。结果发现现存的所有人种都是约 20 万年前生活在非洲的同一位女性——起名为夏娃，因圣经旧约中的“第一个女性”而得此名——所诞生的子孙后代。

最近通过对男性的性染色体（Y 染色体）的研究也得出了相同结论。研究人员在调查了世界上各人种的男性 Y 染色体后发现现存人类果然是在距今约 7 万年前离开非洲的。当时从非洲出发的男性人数仅区区约 2000 人（女性人数尚不明确）。

非洲起源说和多地起源说

但有不少研究者并不认同这一新的非洲起源说。确实，从各种化石证据来看，在欧洲，从非洲迁徙而来的智人很早就替代了曾经居住在欧洲的猿人或古人。

可是澳大利亚或者亚洲等地却未必是这样。根据化石形态等判断，曾生活在澳大利亚和亚洲的猿人之后都直接进化成了原住民。

因此，多数以亚洲和澳大利亚为中心进行化石研究的研究者认为并不是所有的现存人类都是在非洲诞生的，有一部分现存人类是在亚洲和澳大利亚等地各自独立进化成智人的。这个理论被称为“多地起源说”（图 11）。

这方面的争议到现在仍没有最终结果。不过从一部分化石的特征来看，这个新的非洲起源说也许更有说服力。因为最近有证据表明，印度尼西亚的直立人爪哇猿人具有相当特殊的特征。因为生物的特殊特征绝不会在进化过程中恢复原样的，所以说爪哇猿人进化成现代人类是不可能会发生的事情。

只是智人并不是突然间扩散到世界各地的。比如在欧洲，智人

图 11　多地起源说

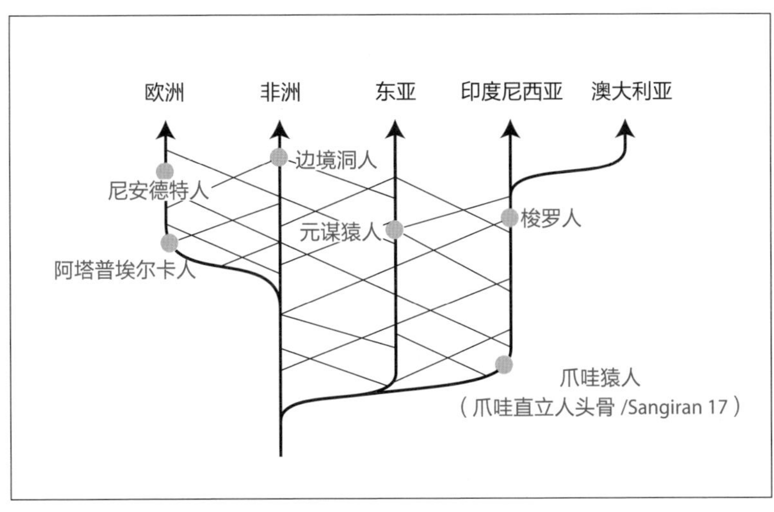

“多地起源说”认为现代人的祖先不都是非洲的“夏娃”，而是各个地域中的猿人独立进化而来的。但现在这个假说似乎处于劣势。

资料来源：M.Wolpoff

和尼安德特人确实曾在相当长的时期里共同存在过。另外，印度尼西亚的弗洛勒斯岛仅在约 12000 年前还有和智人不一样的矮人在那里生活过（P221 专栏），因此也能推测没准这些人幸存下来发生进化，或者和智人发生杂交从而成为现代人类。

人类的历史已经探明了吗？

关于人类的起源还有很多不清楚的地方。但在关于最开始的人类诞生于非洲这一点上研究者们几乎是没有分歧的。尽管如此，鉴于今后也许还会在非洲以外的地方发现早期人类化石，所以不能断言人类非洲起源说就是全部的真理。

事实上，也有俄罗斯人类学者主张人类是诞生在西伯利亚的。因为在温暖的气候中动物要获取食物几乎不需要劳作，但在寒冷气候中，无论是为了获得食物还是为了抵御严寒，生物都必须进行各种准备才能生存下去。因此在这样的过程中人的智力得到了开发。

而且这个假说似乎可以合理解释另一个尚待解决的问题。那就是人类达成进化的时代和地球上的寒冷时期是重合的。从距今约 200 万年前，冰河时代到来，世界变得寒冷，到智人出现，猿人的大脑尺寸增加了约 2 倍。如果不是在非洲发现这么多化石的话，说人类诞生在西伯利亚，大概很多人都不会怀疑吧（照片 3）。

通过化石只能让我们窥见人类历史的一瞬间。但我们试图从那一瞬间还原整个人类进化过程。在过去 20 年间，不断因化石的发

照片 3　人类起源于西伯利亚?

要在寒冷的气候中生存，人类的祖先就必须做好各种准备，费很多心思。也许正因此促进了人类智力的发展。

照片来源：美国国家航空航天局（NASA）

现而改写人类历史，今后也完全有可能因新的发现而使人类历史随时刷新。但在此之前，我们只能依靠发掘出来的化石以及不断积累的事实证据和理论进行推理。

专栏

弗洛勒斯岛上的“小人国”

2003 年，在印度尼西亚的弗洛勒斯岛上发现了到当时为止完全不为人知的人类化石。

在距今约 18000 年前的地层中发现的这种化石体型非常小，身高只有 1 米左右，根据它的特征可以判断是个成年女性。而更让人惊奇的是她的大脑尺寸只有 400 立方厘米，也就是和 700 万年前最初期的人类图迈（参照本篇内容）几乎一样大小。

在刚发现的时候，也有学者认为大脑异常小会不会是生病导致的。但后来发掘出来的其他好几具化石都是体型小且大脑也很小。这种矮人被起名为“弗洛勒斯人”，或者也叫“哈比人（小人）”。

一般提到大脑尺寸小，我们就会想到因为比较原始所以智力低下。虽然大脑的尺寸是衡量智能高低的标准之一，但是根据脑科学家的说法，比尺寸更重要的是大脑结构的复杂程度以及高效性。

乌鸦的大脑同体重的比例小于类人猿，但是乌鸦的行动极具智慧性，它们懂得把胡桃丢在道路上让过往的车辆把壳压碎然后它们就能吃到其中的果实。这样的行为说明乌鸦的智慧远高于类人猿。

科学家们发现虽然弗洛勒斯人的大脑小，但是也会使用火，制作精致的石器，另外还会捕猎生活在岛上的小型象（体型和牛差不多大的剑齿象）或者科莫多巨蜥。展示他们优秀技术能力的证据还不止这些，他们的化石也显示了他们大脑中负责思考的区域，也就是大脑的额叶很发达。他们是群高智商的矮人。

虽然尚未彻底弄清为什么会进化成这样的矮人，但“孤岛效应”的假说比较有说服力。因为在孤岛上生存资源有限，所以大型动物靠着身体逐渐变小才能得以生存延续。

虽然他们从 95000 年前就开始生活在弗洛勒斯岛了，但在大约 12000 年前，该岛似乎是因火山爆发而使得岛上的生物灭绝了。

专栏

早期人类的名字

生活在很久以前的人类的名字（英文学名的取法）都是“双姓”。名字里第一个字是“属”名，第二个是更加细分化了的“种”名。如果是现代的人类（Homo Sapiens），Homo 是属名，Sapiens（法语中意为聪明）是种名。但是由于这样名字会很长，所以一般都会用简化名或者略去属名来称呼。

属名有时会因为定位或推测出的亲缘关系的改变而发生变化，有时也会因不同的人类学家的称呼方法不同而不同，但种名是不会变的。比如就在最近发现的始祖地猿（Ardipithecus Ramidus），在刚开始时因被认为是南方古猿（Australopithecus）的一种，所以被起名为“Australopithecus Ramidus”，而现在改成了“Ardipithecus Ramidus”。而叫作南方古猿鲍氏种（Australopithecus Boisei）的猿人也被叫作鲍氏傍人（Paranthropus Boisei）。

不过最近发现的图根原人（Orrorin Tugenensis）和乍得沙赫人（Sahelanthropus Tchadensis）因为没有发现和它们同属的猿人，所以就以称呼它们的属名为主了。

作 者 简 介

第二部分 Part2 物种之始

长野敬 Kei Nagano

1952 年毕业于东京大学自然科学系植物专业。医学博士，曾在东京医科齿科大学担任过助理教授等职位，之后担任自治医科大学教授至 1995 年，现任该大学名誉教授及河合文化教育研究所主任研究员。长年从事生物学，尤其是进化论方面的文章及评论的写作。著有《关于生命起源的争论》《生物学的旗手们》（以上两本均由讲谈社出版），译作有《生命进化的八大谜团》（John Maynard Smith 等著，朝日新闻社出版）等。

第一部分 Part4 时间之始

霍尔斯・海因茨 Heinz Horeis

物理学教师改行科学记者。曾任德国科学杂志主编，从 1990 年至今，兼任矢泽科学办公室欧洲专员，采访过数位欧美的诺贝尔奖获得者。到目前为止，曾多次访日，进行了日本科学技术方面的采访，并在德国的科学杂志上发表。现居住在法兰克福郊外。

第一部分 Part2 星系之始

金子隆一 Ryuichi Kaneko

精研生物学、进化论、古生物学、天文学及医学等科学领域，长年从事科普出版物的写作，并经常参加电视节目的录制。每年去往世界各地进行采访并负责主持相关活动。出版有《图解克隆技术》（同文书院出版），《基因组解读所创造的未来世界》（洋泉社出版），《新世纪未来科学》《长生不老》（以上两本均由八幡书店出版），《不为人知的日本恐龙文化》（祥伝社出版）等，著作颇丰。

第二部分　Part1 生命之始
第二部分　Part3 人类之始

新海裕美子 Yumiko Shinkai

日本东北大学研究生院自然科学研究科结业。1990 年至今任职于矢泽科学办公室。负责各个科学领域，特别是医学领域相关的调查、采访、写作及翻译等工作。

第一部分　Part1 宇宙之始
第一部分　Part3 太阳系之始

矢泽洁 Kiyoshi Yazawa

曾任科学杂志主编等，自 1982 年至今负责管理科学信息小组矢泽科学办公室。组织构建起了日本国内外研究人员、科学记者、翻译等专业人员之间的关系网络。长期进行内容跨越 4 个半世纪的自然科学、医学、能源、科学哲学、国际经济、未来文明论等方向的信息采集、写作及科普启蒙活动。编写出版了科普、癌症医学、动物医学等方面的数十部著作。